上海市建筑标准设计

人民防空警报设施专用房图集

DBJT 08—130—2020

图集号：2020 沪 J110

同济大学出版社

2021 上海

图书在版编目（CIP）数据

人民防空警报设施专用房图集 / 上海市民防指挥信息保障中心，上海结建民防建筑设计有限公司主编 . -- 上海：同济大学出版社，2021.6

ISBN 978-7-5608-8837-8

Ⅰ . ①人… Ⅱ . ①上… ②上… Ⅲ . ①人民防空 – 专用设备 – 军用建筑 – 建筑设计 Ⅳ . ① TU29

中国版本图书馆 CIP 数据核字（2021）第 097108 号

人民防空警报设施专用房图集

上海市民防指挥信息保障中心
上海结建民防建筑设计有限公司 主编

策划编辑 张平官
责任编辑 朱 勇
责任校对 徐春莲
封面设计 陈益平

出版发行 同济大学出版社 www.tongjipress.com.cn
（地址：上海市四平路 1239 号 邮编：200092 电话：021-65985622）
经 销 全国各地新华书店
印 刷 浦江求真印务有限公司
开 本 787mm × 1092mm 1/16
印 张 6.5
字 数 162 000
版 次 2021 年 6 月第 1 版 2021 年 6 月第 1 次印刷
书 号 ISBN 978-7-5608-8837-8
定 价 70.00 元

上海市住房和城乡建设管理委员会文件

沪建标定〔2021〕33号

上海市住房和城乡建设管理委员会
关于批准《人民防空警报设施专用房图集》为
上海市建筑标准设计的通知

各有关单位：

由上海市民防指挥信息保障中心和上海结建民防建筑设计有限公司主编的《人民防空警报设施专用房图集》，经审核，现批准为上海市建筑标准设计，统一编号为 DBJT 08—130—2020，图集号为 2020 沪 J 110，自 2021 年 6 月 1 日起实施。

本标准设计由上海市住房和城乡建设管理委员会负责管理，上海市民防指挥信息保障中心负责解释。

特此通知。

上海市住房和城乡建设管理委员会

二〇二一年二月十八日

前 言

根据上海市住房和城乡建设管理委员会《关于印发〈2019年上海市工程建设规范、建筑标准设计编制计划〉的通知》（沪建标定〔2018〕753号）的要求，本图集编制组在深入调研、认真总结实践经验、参考国内先进标准和广泛征求意见的基础上，编制了本图集。

本图集的主要内容有：编制说明、钢筋混凝土结构人民防空警报设施专用房、装配式钢框架结构人民防空警报设施专用房。

各单位及相关人员在执行本图集过程中，如有意见和建议，请反馈至上海市民防办公室（地址：上海市复兴中路593号；邮编：200020；E-mail：mfkys@126.com）、上海结建民防建筑设计有限公司（地址：上海市金沙江路1628弄1号5楼；邮编：200333；E-mail：jjmf@jjmf.com.cn）、上海市建筑建材业市场管理总站（地址：上海市小木桥路683号；邮编：200032；E-mail：shgcbz@163.com），以供今后修订时参考。

主 编 单 位： 上海市民防指挥信息保障中心

上海结建民防建筑设计有限公司

参 编 单 位： 上海市地下空间设计研究总院有限公司

上海地空防护设备有限公司

主要起草人： 胡 敏 陈力新 韦思远 赵寒青 王 芳 郦振中 王 进 张 丽 朱明亮 徐 方

龚文辉 刘宝权 赵 唯 段吉祥 吴道军 陈振丽 陈奕平 胡鹏飞 张 莉 王 涛

顾春渝 朱炯澜 王 睿 杨湘骝 朱 峰 陈 浩 王建新 李 臻 韩斐斐 朱 怡

主要审查人： 许宏发 刘慧玲 陈海霞 郑谷川 卢 旦 曹兰芳 陆海翔

上海市建筑建材业市场管理总站

人民防空警报设施专用房图集

批准部门	上海市住房和城乡建设管理委员会
主编单位	上海市民防指挥信息保障中心 上海结建民防建筑设计有限公司
参编单位	上海市地下空间设计研究总院有限公司 上海地空防护设备有限公司
批准文号	沪建标定〔2021〕33号
统一编号	DBJT 08-130-2020
图集号	2020沪J110
实行日期	2021年6月1日

主编单位负责人

主编单位技术负责人

技 术 审 定 人

设 计 负 责 人

目 录

编制说明

一、编制依据

1. 本图集根据上海市住房和城乡建设管理委员会《关于印发〈2019年上海市工程建设规范、建筑标准设计编制计划〉的通知》（沪建标定〔2018〕753号）和上海市民防办公室颁布的《上海市人民防空警报建设规划编制导则》的要求进行编制。

2. 设计所依据的规范

《通用硅酸盐水泥》GB 175

《建筑结构荷载规范》GB 50009

《混凝土结构设计规范》GB 50010

《建筑抗震设计规范》GB 50011

《建筑设计防火规范》GB 50016

《钢结构设计标准》GB 50017

《建筑物防雷设计规范》GB 50057

《建筑结构可靠性设计统一标准》GB 50068

《混凝土外加剂应用技术规范》GB 50119

《混凝土结构工程施工质量验收规范》GB 50204

《钢结构工程施工质量验收标准》GB 50205

《人民防空工程设计规范》GB 50225

《民用建筑设计统一标准》GB 50352

《钢结构焊接规范》GB 50661

《混凝土结构工程施工规范》GB 50666

《通信局（站）防雷与接地工程设计规范》GB 50689

《建筑钢结构防火技术规范》GB 51249

《埋弧焊的推荐坡口》GB/T 985.2

《涂覆涂料前钢材表面处理表面清洁度的目视评定第1部分：未涂覆过的钢材表面和全面清除原有涂层后的钢材表面的锈蚀等级和处理等级》GB/T 8923.1

《房屋建筑制图统一标准》GB/T 50001

《建筑模数协调标准》GB/T5 0002

《建筑结构制图标准》GB/T 50105

《高层建筑混凝土结构技术规程》JGJ 3

《钢筋焊接及验收规程》JGJ 18

《建筑机械使用安全技术规程》JGJ 33

《施工现场临时用电安全技术规范》JGJ 46

《普通混凝土用砂、石质量及检验方法标准》JGJ 52

《建筑施工高处作业安全技术规范》JGJ 80

《钢结构高强度螺栓连接技术规程》JGJ 82

《钢筋机械连接技术规程》JGJ 107

《非结构构件抗震设计规范》JGJ 339

《国家建筑标准设计制图规定》QSC-18

二、适用范围

1. 本图集仅适用于本市的人民防空警报设施专用房建设。钢筋混凝土结构人民防空警报设施专用房适用于新建、改建和扩建建筑的屋顶，装配式钢框架结构人民防空警报设施专用房适用于既有建筑的屋顶。

2. 人民防空警报设施专用房设于建筑的屋面以上，屋面高度宜为30m。本图集战时荷载和平时荷载取值均按屋面高度30m工况计算确定，如放置高度与实际情况不符，设计单位应按照相关要求另行设计。

三、编制内容

1. 本图集主要内容包括钢筋混凝土结构人民防空警报设施专用房和装配式钢框架结构人民防空警报设施专用房的图纸。

2. 钢筋混凝土结构人民防空警报设施专用房包含建筑平面图、屋顶平面图、墙体结构平面图、屋面板配筋图、楼板配筋图、警报设施设备施工图等。

3. 装配式钢框架结构人民防空警报设施专用房包含建筑平面图、屋顶平面图、柱脚螺栓平面布置图、基础底座平面布置图、柱平面结构布置图、屋顶平面结构布置图、节点详图、警报设施设备施工图等。

4. 图集中标高均以米（m）为单位，其余尺寸均以毫米（mm）为单位。

四、选用方法

1. 根据适用范围确定采用钢筋混凝土结构人民防空警报设施专用房或装配式钢框架结构人民防空警报设施专用房。

2. 钢筋混凝土结构人民防空警报设施专用房共有3种型号，分别为Ⅰ，Ⅱ和Ⅲ型，它们的区别是面积各不相同。设计时，应根据民防办对警报设施专用房设备和设施布置的需求，确定人民防空警报设施专用房的型号。

3. 如选用的钢筋混凝土结构人民防空警报设施专用房的开间、进深与所处建筑结构布置尺寸不匹配时，屋面结构层应考虑转换设计。钢筋混凝土结构人民防空警报设施专用房应与所处建筑结构进行整体计算分析，满足承载力设计和抗震设计各项要求。

4. 装配式钢框架结构人民防空警报设施专用房仅有一种型号。

5. 装配式钢框架结构人民防空警报设施专用房选址应满足本图集的安装要求，专用房所处既有建筑的屋面结构及竖向承重结构，应综合考虑因人民防空警报设施专用房设置产生的永久荷载、可变荷载的作用。既有建筑经验算不满足承载力的结构或构件，应根据现行国家标准《混凝土结构加固设计规范》GB 50367 的相关规定采取加固措施。

6. 人民防空警报设施专用房的建筑防火要求应与主体建筑保持一致，且不低于二级。

7. 人民防空警报设施专用房的建筑尺寸宜符合本图集的设计要求；当采用开间或进深与本图集不相符时，设计单位应按照相关要求另行设计。

五、战时荷载的作用

1. 根据规范和战技要求，警报器只要考虑在核爆炸之前有效工作即可，荷载计算不考虑核爆炸冲击波的作用；同时，警报器不属于重要目标，不考虑常规武器直接作用。

2. 对常规武器爆炸动荷载，设计时按一次作用。

3. 作用在人民防空警报设施专用房屋面及外墙的等效静荷载为17kPa。

六、平时荷载的作用

1. 人民防空警报设施专用房结构设计使用年限为 50 年，结构安全等级为二级。

2. 人民防空警报设施专用房应与所处建筑整体进行抗震设计，抗震等级与所处建筑一致。设计应根据现行国家标准《建筑抗震设计规范》GB 50011 规定抗震要求；有特殊要求的，可根据使用要求以及现行相关国家标准另行确定。

3. 人民防空警报设施专用房架空楼板面荷载取值：

（1）均布恒载（包含装修等）：钢筋混凝土结构按实际情况取值，装配式钢框架结构按 14.90kN/m^2 取值。

（2）室内主机等荷载（挂墙上）：0.35kN。

（3）活载：7.0kN/m^2。

4. 人民防空警报设施专用房屋面荷载取值：

（1）均布恒载（包含装修等）：按实际情况取值。

（2）集中恒载（包括铁塔、警报器、天线重量）：2.72kN。

（3）活载：2.0kN/m^2。

七、混凝土结构设计说明

1. 混凝土强度等级：C30。

2. 钢筋：HPB300 级（Φ）,HRB400 级（Φ）。

3. 焊条：E43 系列用于焊接 HPB300 钢筋、Q235B 钢板型钢，E55 系列

用于焊接 HRB400 热轧钢筋。

4. 本图集按照环境类别二 a 考虑，板保护层厚度 20mm，梁保护层厚度 25mm，墙保护层厚度 20mm。若为其他环境类别，应按照现行国家标准《混凝土结构设计规范》GB 20010 的有关规定调整。

5. 本图集中纵向受拉钢筋的最小锚固长度应按相关规范要求选用，钢筋的锚固长度 L_{aF} 按现行国家标准《人民防空工程设计规范》GB 50225 的要求取值，L_{aE} 必须满足图集 16G101-1 第 58 页对应抗震等级的要求。

八、钢结构说明

1. 材料

（1）钢材采用 Q235，节点中板材钢号同构件，钢材质量等级为 B 级。

（2）抗震钢结构钢材的屈强比不应小于 1.20，应有明显的屈服台阶，伸长率应大于 20%，应有良好的可焊性。

（3）焊条：框架梁、柱采用 E50 系列焊条，其余采用 E43 系列焊条。

（4）框架的梁柱节点均采用 10.9 级摩擦型高强度螺栓，次梁及型材连接均采用 4.6 级普通螺栓，柱底板与基础连接采用 Q235 钢锚栓，均应符合现行国家标准《紧固件机械性能　螺栓、螺钉和螺柱》GB 3098.1 的规定。

（5）油漆：底漆为环氧富锌漆，中漆为云氧化橡胶漆，面漆为氧化橡胶丙烯酸磁漆。

2. 钢结构制作

（1）钢结构的制作、运输、安装均应符合现行国家标准《钢结构工程施工质量验收标准》GB 50205 的规定。

（2）钢结构加工制作前，应编制工艺和施工组织设计，建立健全质量保证体系。

（3）框架钢结构施工过程中使用的计量器具必须经计量法定单位验证合格，且在有效期内使用。

（4）选用的钢材除应具有出厂合格证书外，在下料前应抽样复检，符合质量标准时方可下料。

（5）放样人员应阅读全部图纸，核对安装尺寸。画线时，应根据施工工艺要求，预留安装焊接及加工焊接变形量。

（6）施焊工艺及板材上的坡口尺寸应符合按现行国家标准《钢结构焊接规范》GB 50661 的有关规定，且焊接方法、工艺评定、实验内容和结果、出厂验收等应得到监理单位的认可。

（7）钢构件上的预留孔洞应按设计图纸的尺寸、位置，在工厂制作并按设计要求进行补强。在工地发现遗漏时，未经设计许可，不得以任何方法制孔；应制定补孔工艺措施并经设计单位同意后方可施工，不允许在受力状态的构件上加焊零件。

（8）框架、梁柱上的加劲板、支撑板等在加工车间完成，施焊工艺及板上坡口尺寸应符合按现行国家标准《埋弧焊的推荐坡口》GB/T 985.2 的有关规定。

（9）对端部铣平的所有构件，均应与轴线垂直。

（10）高强度螺栓孔应在加工车间钻孔，其钻孔要求应符合按现行行业标准《钢结构高强度螺栓连接的技术规程》JGJ 82 的有关规定。

（11）钢板材用气割或机械切割、锯切下料后，对需要边缘加工的板件，其刨削量不小于 2mm。

（12）梁的板件拼接，对于焊接钢梁，焊缝的焊接强度不小于母材强度，拼接位置下翼缘应距支座 1/3 跨度内，上翼缘和腹板的拼接应与下翼缘拼接位相互错开且不小于 200mm；对热轧型钢梁的拼接，应在距支座 1/3 的跨度内。

（13）所有钢构件制作前，应足尺放样，核对无误后方可制作。

（14）施焊原则：①应尽量采用对称施焊，使焊接变形和收缩量减小到最低限度；②收缩量大的部分先焊，收缩量小的部分后焊；③应使焊接前后及过程中的加热量平衡；④焊接过程应注意清渣，彻底清除根部缺陷；⑤应严禁无合格证人员上岗操作。

3. 构件的连接

（1）柱脚锚固螺栓安装、紧固均采用双螺母，须保证安装准确。

（2）框架分段连接采用高强度螺栓，接触面不需特殊处理。

（3）板材拼接焊缝为一级坡口全熔透焊缝。

（4）图中未注明的角焊缝均为 6mm，长度均为满焊；未注明的圆弧半径均为 35mm。

（5）焊缝等级：构件对接焊缝为一级，其他焊缝为二级。

（6）高强度螺栓应能自由穿入组装的板件螺孔内；如不吻合，不允许强行打入，而应更换连接板。

（7）柱脚锚栓埋设位移偏差不大于 2mm，标高控制必须满足螺栓在混凝土内握裹长度及螺杆丝扣露出的长度要求。

4. 焊缝的检查与检测

（1）焊接的过程中，必须做好记录；施工结束后，应准备一切必要的资料以备检查。

（2）所有焊缝应做 100% 检查。

（3）焊缝内部缺陷、表面缺陷的检测应按现行国家标准《钢结构工程施工质量验收标准》GB 50205 的规定执行。

（4）所有一级焊缝，应按超声波 B 级 100% 检查。检查方法按现行国家标准《钢结构工程施工质量验收标准》GB 50205 的规定执行。

5. 钢结构除锈和涂装要求

（1）钢构件在出厂前不需要涂装的部位：①与混凝土紧贴或埋入部位的钢构件；②高强度螺栓连接点的摩擦面；③柱脚锚固螺栓与柱脚底板；④工地焊接部位及两侧各 100mm 且满足超声

波探伤要求的范围。

(2)钢构件安装后需补漆的部位：①接合部的外露部位和紧固件；②工地焊接区域及油漆缺陷部位。

(3)钢构件除锈后应立即涂漆，中面漆应采用保护性能好的油漆，同时还应与防火涂料的选用同时进行。

(4)钢构件涂装防锈的要求：①当采用厚型防火涂料时，构件表面除锈后，涂二遍防锈底漆，采用环氧富锌漆，干膜总厚度为75μm；②当采用薄型防火涂料时，构件表面除锈后，涂二遍防锈底漆，采用环氧富锌漆，为增强防腐能力，干膜总厚度125μm以上，然后在其表面刷相应的防火涂料；③对于外露构件，其表面除锈后，刷防锈底漆二道，并最终达到二底、二中、二面的要求，涂层干膜总厚度不小于125μm。

(5)工程框架的高强度螺栓连接接触面应严格进行金属表面除锈处理，除锈等级质量要求应达到现行国家标准《涂覆涂料前钢材表面处理表面清洁度的目视评定第1部分：未涂覆过的钢材表面和全面清除原有涂层后的钢材表面的锈蚀等级和处理等级》GB/T 8923.1中的St2级标准，并按有关要求涂装出厂。

(6)涂装后的漆膜外观应均匀、平整、丰满而有光泽，不允许有咬底、裂纹、剥落、针孔等缺陷。涂层厚度用磁厚仪测定，总厚度应达到设计规定的要求。

6. 钢结构防火材料及设计

(1)建筑防火分类及耐火等级为二类二级。

(2)耐火极限：框架钢柱2.0h，框架钢梁1.5h，吊顶0.5h。

(3)防火保护材料应选用绝缘性好、具有一定的抗冲击能力、能牢固附在构件上、不腐蚀钢材且经上海市消防局认可的薄型、超薄型防火涂料、厚型或不燃性板材；具体厚度按计算决定。

7. 钢结构的安装要求

(1)钢结构安装施工时，应设置可靠的支护体系。

(2)钢构件在运输、吊装过程中，应采取可靠措施，防止出现变形、失稳和坠落，不允许在受力状态的构件上加焊零件。

(3)钢结构的安装必须按施工组织设计进行，先安装柱和梁并使之保持稳定，再逐次组装其他构件，最终固定并必须保证结构的稳定，不得强行安装导致结构或构件永久塑性变形。

(4)钢结构单元逐次安装过程中，应及时调整，消除累计偏差，使总安装偏差最小，以符合设计要求。任何安装孔均不得随意割扩，不得更改螺栓直径。

(5)钢柱安装前，应对全部柱基位置、标高、轴线、地脚锚栓位置、伸出长度等进行检查并验证合格。

(6)未注明定位的柱、梁均为轴线居中。

(7)柱子在安装完毕后，必须将锚栓垫板与柱底板焊牢，锚栓垫板及螺母必须进行点焊，点焊时不得损伤锚栓母材。

(8)当总说明与施工详图中的说明或标注有矛盾时，应以施工详图为准。

(9)材料表中的构件尺寸、重量等仅供参考，加工时一律以放样为准。

九、RPC板设计和施工要求

1. 本系列产品主体材料为钢纤维活性粉末混凝土，简称RPC，强度等级不低于170MPa。

2. 本图集采用的RPC板的耐火极限为0.5h。

3. RPC的表观密度随着掺量不同，密度可在2400kg/m^3～2600kg/m^{3}范围内波动。

4. RPC 的水胶比确定宜在 0.2 以下。

5. RPC 出机后拌和物的工作性能和制品应达到外观光滑，混凝土的水泥用量以大于 600kg/m^3 为宜。

6. RPC 板的钢纤维采用高强镀铜钢纤维，其体积率不小于 3%，平均直径不大于 0.25mm，平均长度 12mm~15mm，抗拉强度大于 2000MPa。钢纤维的掺量以 234kg/m^3 为宜。

7. 水泥应采用品质稳定、强度等级不低于 52.5 的低碱硅酸盐水泥或普通硅酸盐水泥，水泥熟料中 C3A 含量不应大于 8%；其性能应符合现行国家标准《通用硅酸盐水泥》GB 175 的规定，不得使用其他品种水泥。

8. 细骨料采用粒级分别为 1.25mm~0.63mm、0.63mm~0.315mm、0.315mm~0.16mm 的高品质石英砂，SiO_2 含量不得低于 98%，泥土含量不应大于 0.5%，其他技术要求应符合现行行业标准《普通混凝土用砂、石质量及检验方法标准》JGJ 52 的规定。

9. 外加剂应选用活性粉末混凝土增强剂，与所用水泥及复合掺合料的适应性能良好。性能指标要求：减水率不得小于 29%，碱含量不得大于 3.5%，含气量小于 2%，不得含有氯离子，其他性能应符合现行国家标准《混凝土外加剂应用技术规范》GB 50119 的有关规定，并经试配拌和物性能满足有关要求后方可使用，外加剂掺量由试验确定。

10. 复合掺合料应选用活性粉末混凝土复合掺合料，以 SiO_2 为主要矿物成分的高活性超细粉，既有增强作用，还可以降低拌和物的黏度。性能指标要求：SiO_2 含量大于 85%，Al_2O_3 含量小于 4%，SO_3 含量不超过 0.8%，细度在 120000cm^2/g 以上，颗粒粒径在 0.5μm 以下的占 68% 以上，活性指数应达到 120%，流动度比在 90% 以上。

十、供配电系统

1. 供电电源为两路 0.4kV 市电电源，考虑战时最恶劣情况，宜配置离线式光伏电站。

2. 照明光源应采用高效节能荧光灯，照度标准值不应低于 200lx，应急照明灯具带蓄电池，蓄电池持续时间不少于 0.5h。

3. 应采用专用的配电箱，箱内应配备浪涌保护器。

4. 警报器应由不间断电源系统供电，不间断电源系统其额定输出功率应为最大计算负荷的 1.5 倍，其工作时间应按不少于 1h 考虑。

5. 线缆敷设在人民防空警报设施专用房的低压配电线路应采用阻燃铜芯电缆，照明开关及管线采用暗敷，其他线路均在地板下敷设。警报器电源应采用沿墙明敷方式至屋面，同时管线应做好防水措施。

6. 电源接地系统采用 TN-S 制，所有设备的金属外壳、各类金属管道、金属线槽、建筑物金属结构等必须进行等电位联结并接地。

7. 钢筋混凝土结构型式的，应随建筑物屋面统一进行防雷设计；装配式结构型式的，应接入原建筑物防雷接地系统。警报铁塔和天线底座应与屋面避雷网有不少于 2 处可靠连接。

8. 应设置感烟火灾探测器、手动火灾报警按钮、消防电话，消防设备应接入火灾自动报警联动系统。

9. 应至少预留 2 个信息点位，并接入建筑物内弱电系统。

十一、警报铁塔技术要求

1. 警报铁塔结构安全等级为二级，抗震设防类别为丙类。

2. 警报铁塔的荷载应考虑自身及附属构件的自重、固定设备自重、拉线初应力以及可变荷载（风荷载、地震作用、覆冰荷载、平台活荷载、雪荷载、安装检测荷载等）。

3. 警报铁塔选用材料规格宜按下表采用：

塔型	塔柱、法兰材料及法兰加劲板	其他构件材料	塔柱螺栓	其余螺栓
角钢塔	Q345B	Q235B	6.8 级	4.8 级、6.8 级

注：（1）焊接结构在工作温度等于或低于 -20℃时，构件钢材不应采用 Q235B 沸腾钢。

（2）塔型材料采用进口钢材或代用材料时，必须提供该材料的机械性能和化学成分，并进行抽样检验，经设计单位同意后方可采用。

4. 塔体构件的长细比λ应不超过下列规定值：

（1）主材：λ≤ 150。

（2）横材、斜材：λ≤ 180，当内力小于杆件承载力的 50% 时，λ≤ 200。

（3）辅助杆、横隔杆：λ≤ 200。

（4）受拉杆：λ≤ 350。

5. 桅杆两相邻拉线节点间杆身长细比宜符合下列规定：

（1）格杆式桅杆（换算长细比）：λ≤ 100。

（2）实腹式桅杆：λ≤ 150。

6. 警报铁塔的工艺应符合下列要求：

（1）警报铁塔的结构设计应密切配合通信工艺设计，满足其要求。

（2）警报铁塔上应设置线缆走线架，横撑间距为 800mm~1500mm。

（3）警报铁塔结构尚应按航空部门的规定涂刷标志油漆、设置航空障碍灯等。

（4）组装塔时，基础混凝土的强度不应低于设计强度的 70%；整体立塔时，混凝土强度宜达到设计强度的 100%。

7. 警报铁塔的防雷接地应符合下列要求：

（1）钢筋混凝土结构型式的，应随建筑物屋面统一设计；装配式结构型式的，应接入原建筑物防雷接地系统。警报铁塔天线、线缆、走线架等设施均应在保护范围内。当铁塔上安装接闪器时，接闪器宜专门设置引下线。引下线应与接闪杆及塔底接地网连通，宜在警报铁塔上靠近爬梯两侧各敷设一根引下线。

（2）警报铁塔接地系统应与人民防空警报设施专用房接地系统连接。馈线应专门设置接地引下线，同时要求在每个平台设置专门的馈线接地铜端子，引下线材料为 40mm×4mm 的镀锌扁钢。宜在各平台底部及每隔警报铁塔的 1/5 高度处预留直径 5mm~8mm 孔 10 个。接地要求的具体原则：室外馈线、同轴电缆及其他馈线线缆的长度小于 10m 时，采用一点接地；长度在 10m~20m 之间时，可采用两点接地；长度在 20m~60m 之间时，要求不少于三点接地；长度超过 60m 时，应在警报铁塔（内爬式单管塔除外）塔中部增加一处接地。

十二、施工质量及安全

1. 人民防空警报设施专用房材料、产品的选用应符合国家现行相关标准、设计文件和产品应用技术手册的规定。

2. 钢筋混凝土结构的工程模板必须平整光滑、缝隙密实、支撑牢固，结构内部设置的各种钢筋以及绑扎铁丝均不得接触模板。浇筑混凝土前，模板内必须加以清理，不得有积水、泥土、木屑、铁件等杂物遗留。

3. 钢筋混凝土结构构件上的预留孔洞及预埋管在施工前须与相关各专业核对无误后，方能浇筑混凝土。

4. 钢筋混凝土结构的预埋件和连接件等外露金属件应按不

同环境类别进行封闭或防腐、防锈、防火处理，并应符合耐久性要求。

5. 装配式钢框架结构人民防空警报设施专用房施工前，应制定专项施工方案。施工方案应结合结构深化设计、构件制作、运输和安装全过程的验算以及施工吊装与支撑体系的验算进行策划与制定，应包括构件安装及节点施工方案、构件安装的质量管理及安全措施等，充分反映装配式结构施工的特点和工艺流程的特殊要求。

6. 装配式钢框架结构人民防空警报设施专用房施工过程中，应采取安全措施，并应符合现行行业标准《建筑施工高处作业安全技术规范》JGJ 80、《建筑机械使用安全技术规程》JGJ 33和《施工现场临时用电安全技术规范》JGJ 46的有关规定。

7. 装配式钢框架结构人民防空警报设施专用房建设在既有建筑的屋面，施工对原建筑的保温层和防水层有一定的损伤，宜结合屋面防水保温翻修一起修建。

十三、验收与维护

1. 人民防空警报设施专用房的验收应符合现行国家标准《建筑工程施工质量验收统一标准》GB 50300与《人民防空工程施工及验收规范》GB 50134的相关规定。

2. 钢结构的维护和保养：

（1）定期防锈防腐保护。钢结构须每3年进行一次维护保养，清理钢结构中尘埃、锈蚀及其他污物后再刷涂料，涂料的品种、规格应与原有涂料相同。

（2）定期防火处理保护。所有外露钢构件刷防火涂料，具体要求是：钢梁耐火时间为1.5h，钢柱耐火时间为2.5h，使其符合建筑规范要求。

（3）定期变形监测维护。当钢结构在使用阶段产生的变形过大时，应迅速组织专业人员，分析变形产生原因，提出解决方案并实施，防止钢结构的承载能力或稳定性不能满足使用需要而产生更大的破坏。

（4）日常管理和维护。除应注意对锈蚀病害的检查外，还应注意焊缝、螺栓、铆钉等连接处是否出现裂缝、松动、断裂等现象。

3. 混凝土结构应采取有效措施对钢筋保护层进行维护，并及时修补结构表面的侵蚀、风化、疏松、脱落、掉角等损坏。

4. 人民防空警报设施专用房的设备和设施应按厂家出厂说明书的要求定期维护。

5. 人民防空警报设施专用房内宜安装空调设施，保证房间内温度适合设备的正常运转和人员的正常工作环境。

6. 应定期巡查人民防空警报设施专用房，发现问题，及时汇报，由专业人员负责处理。

第1部分：

钢筋混凝土结构人民防空警报设施专用房

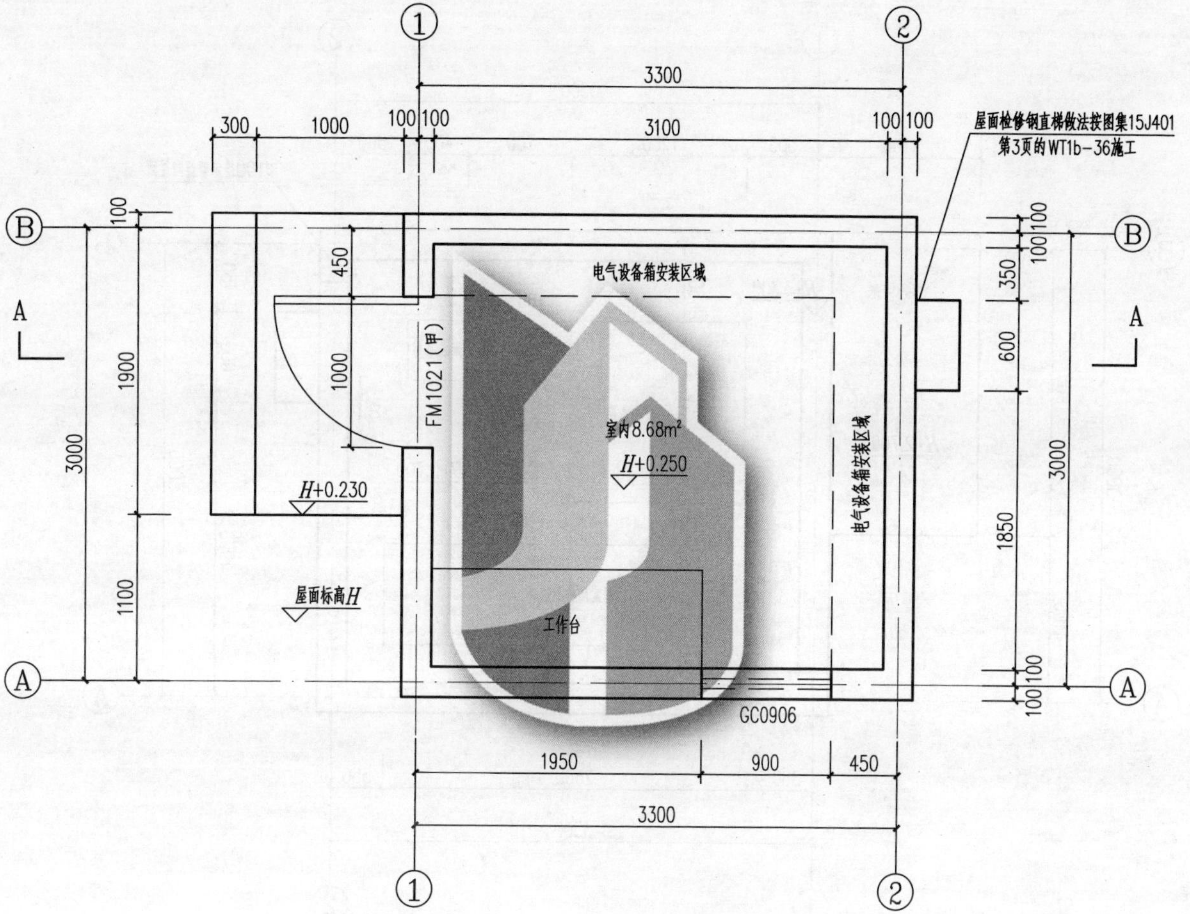

I型一层平面图

门窗表

种类	型号	尺寸
钢制防火门	FM1021(甲)	1000x2100
铝合金防雨百叶窗(高窗)	GC0906	900×600

注:

1. I型为3.3m×3.0m，建筑面积11.20m²，室内面积8.68m²。
2. 防水材料、保温材料及其做法同建筑主楼屋面设计。
3. *H*为所处主楼屋面建筑标高。

I型一层平面图									图集号	2020沪J 110
审核	郦振中	(签名)	校对	陈琦	(签名)	设计	干俊	(签名)	页 码	13

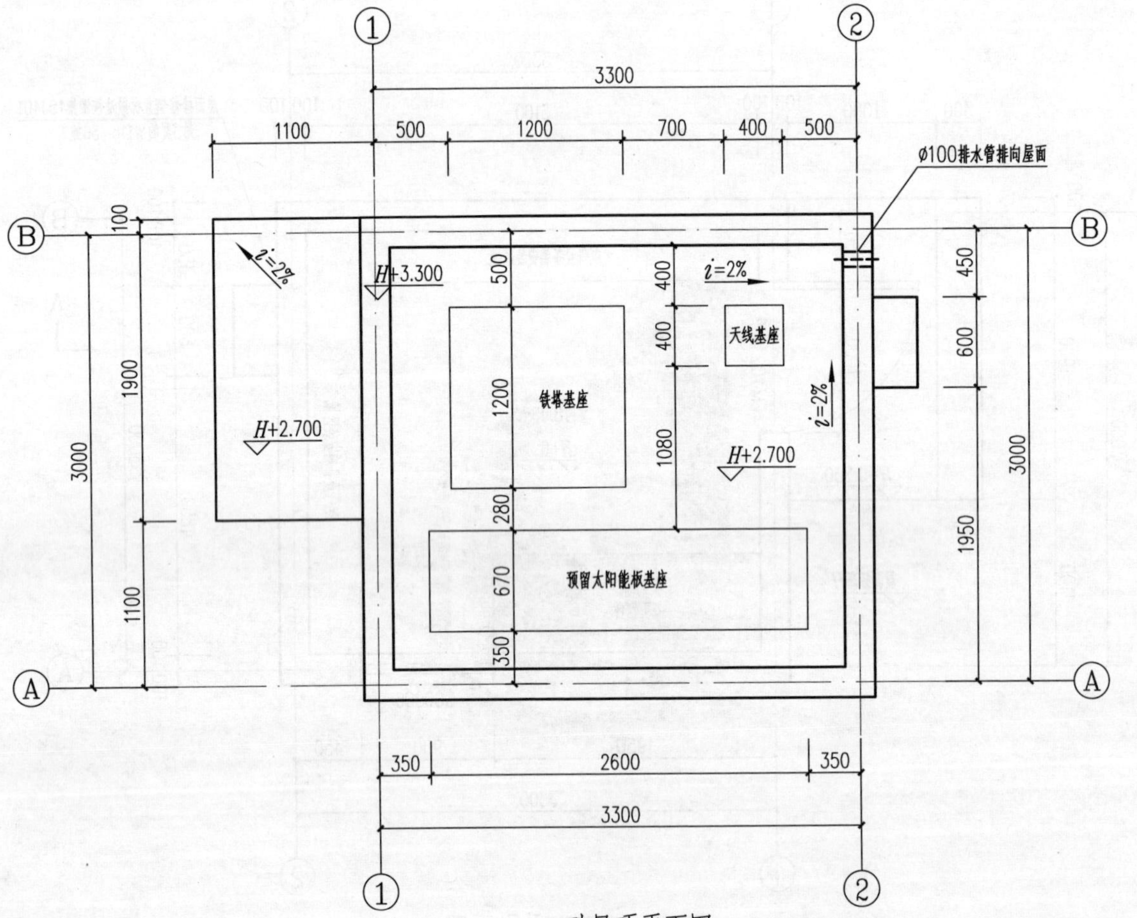

Ⅰ型屋顶平面图

Ⅰ型屋顶平面图								图集号	2020沪J 110
审核	郦振中	郦振中	校对	陈琦	陈琦	设计	干俊	干俊	页　码	14

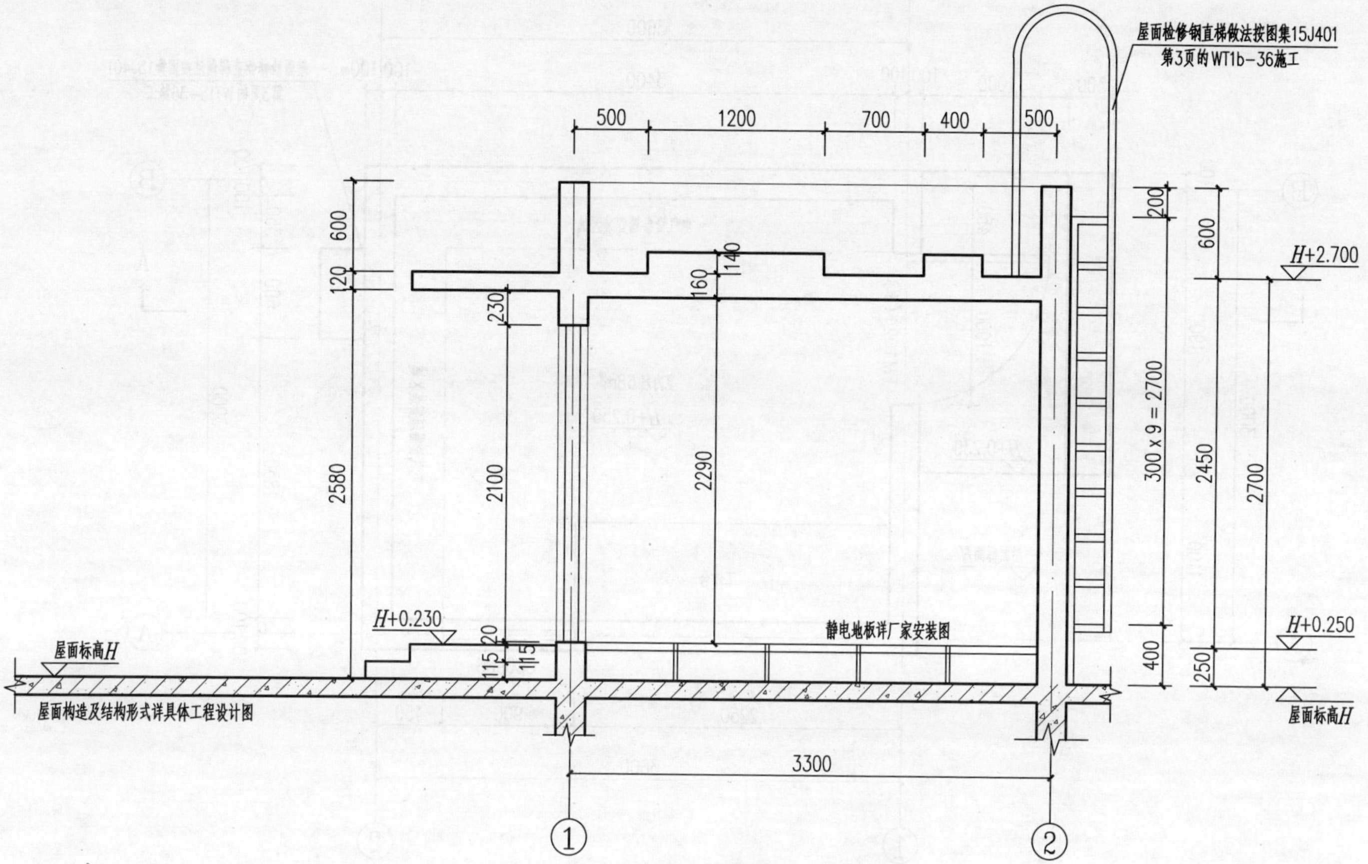

I型 A−A剖面图

I型A−A剖面图								图集号	2020沪J 110
审核	郦振中	郦振中	校对	陈琦	陈琦	设计	干俊	干俊 页 码	15

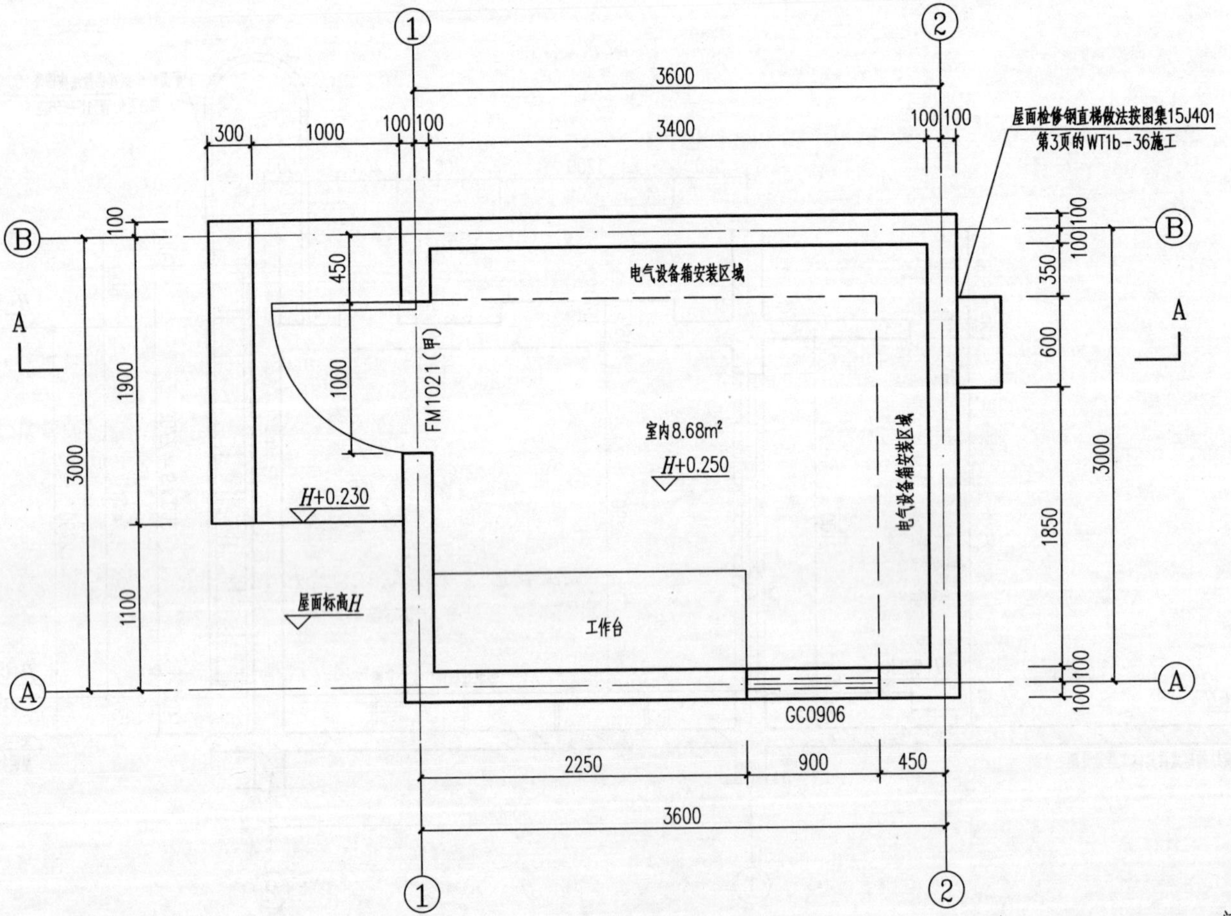

II型一层平面图

门窗表

种类	型号	尺寸
钢制防火门	FM1021(甲)	1000x2100
铝合金防雨百叶窗(高窗)	GC0906	900×600

注:

1. II型为3.6mx3.0m，建筑面积12.16m²，室内面积9.52m²。
2. 防水材料、保温材料及其做法同建筑主楼屋面设计。
3. *H*为所处主楼屋面建筑标高。

II型一层平面图								图集号	2020沪J 110
审核	邴振中	[signature]	校对	陈琦	[signature]	设计	干俊	[signature] 页码	16

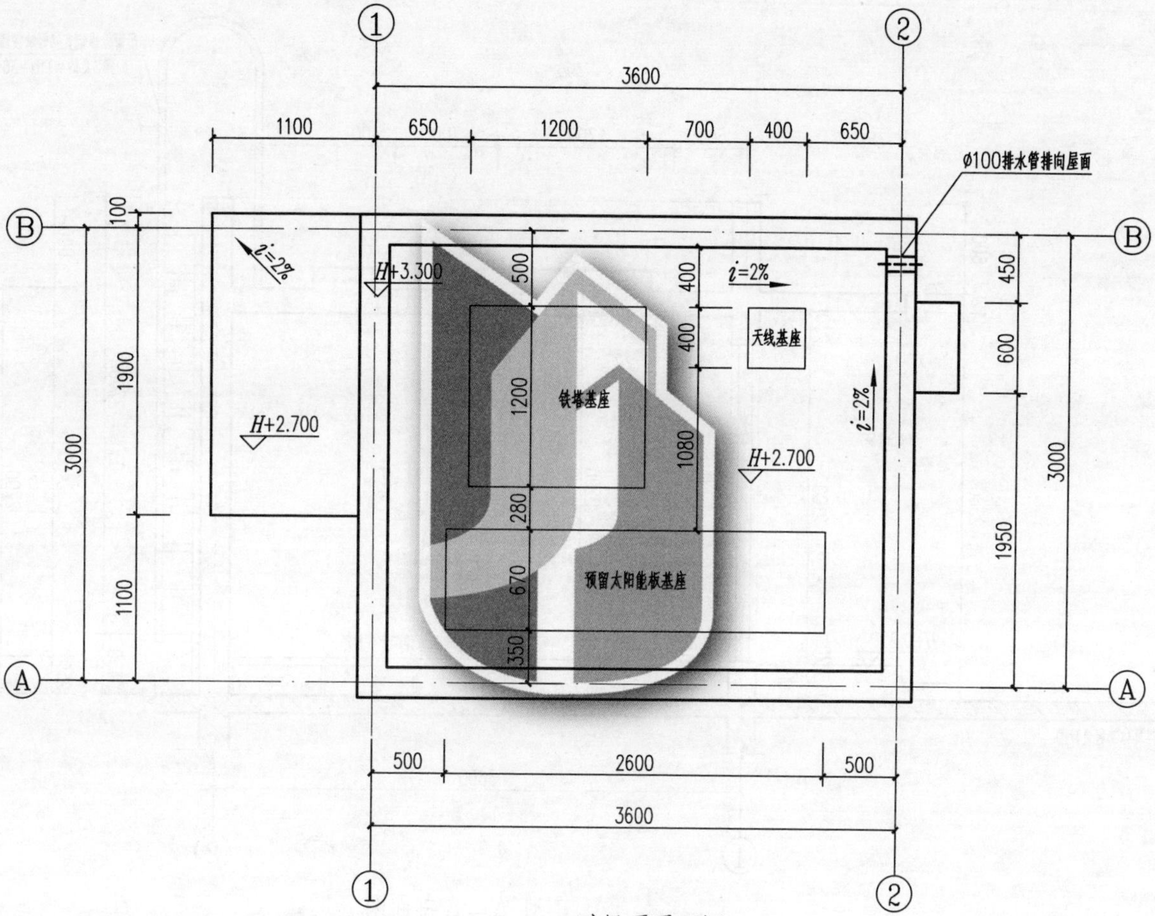

II型屋顶平面图

II型屋顶平面图									图集号	2020沪J 110
审核	郦振中	(签名)	校对	陈琦	(签名)	设计	干俊	(签名)	页码	17

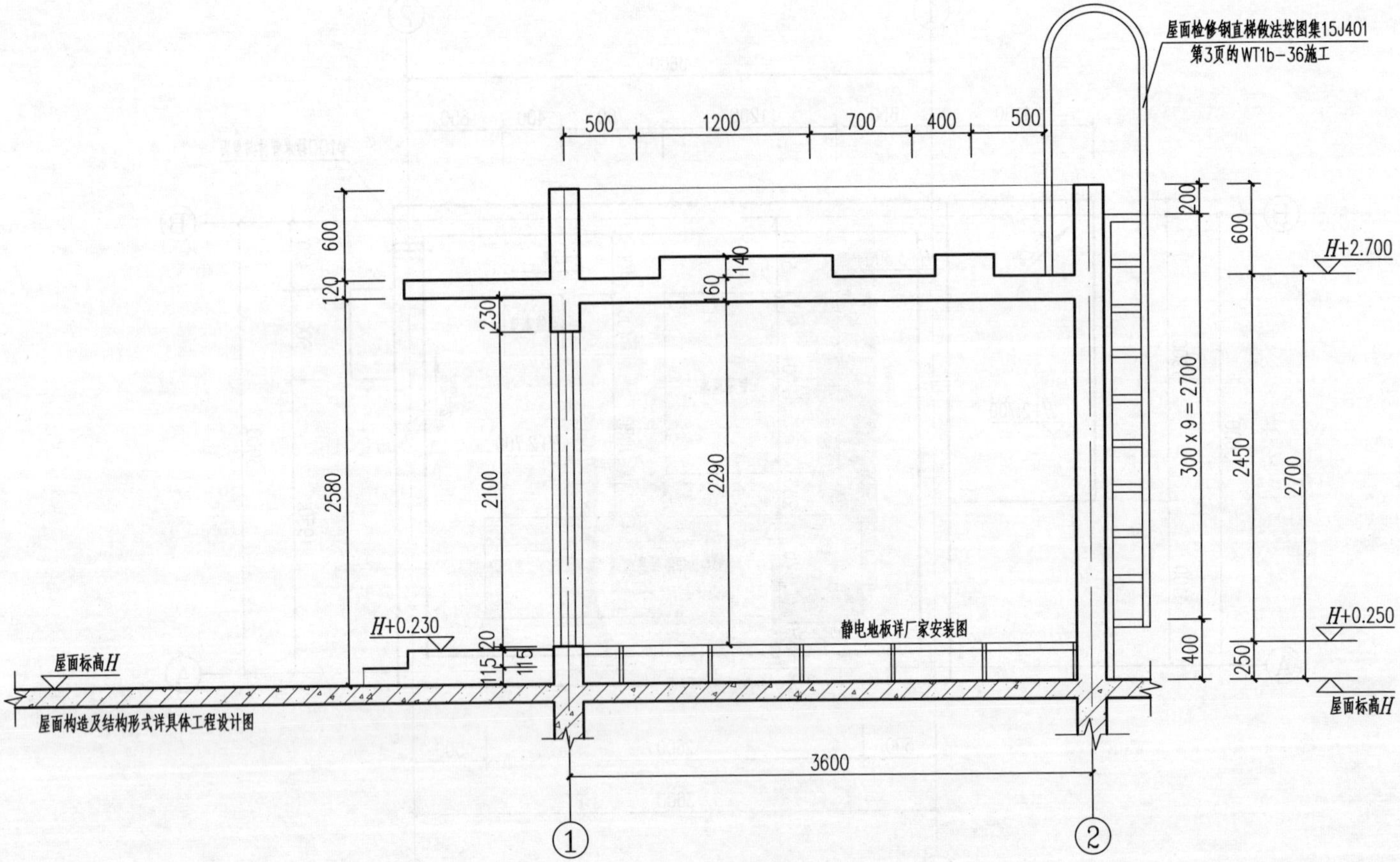

Ⅱ型 A-A剖面图

Ⅱ型A-A剖面图								图集号	2020沪J 110
审核	郦振中	郦振中	校对	陈琦	陈琦	设计	干俊	页 码	18

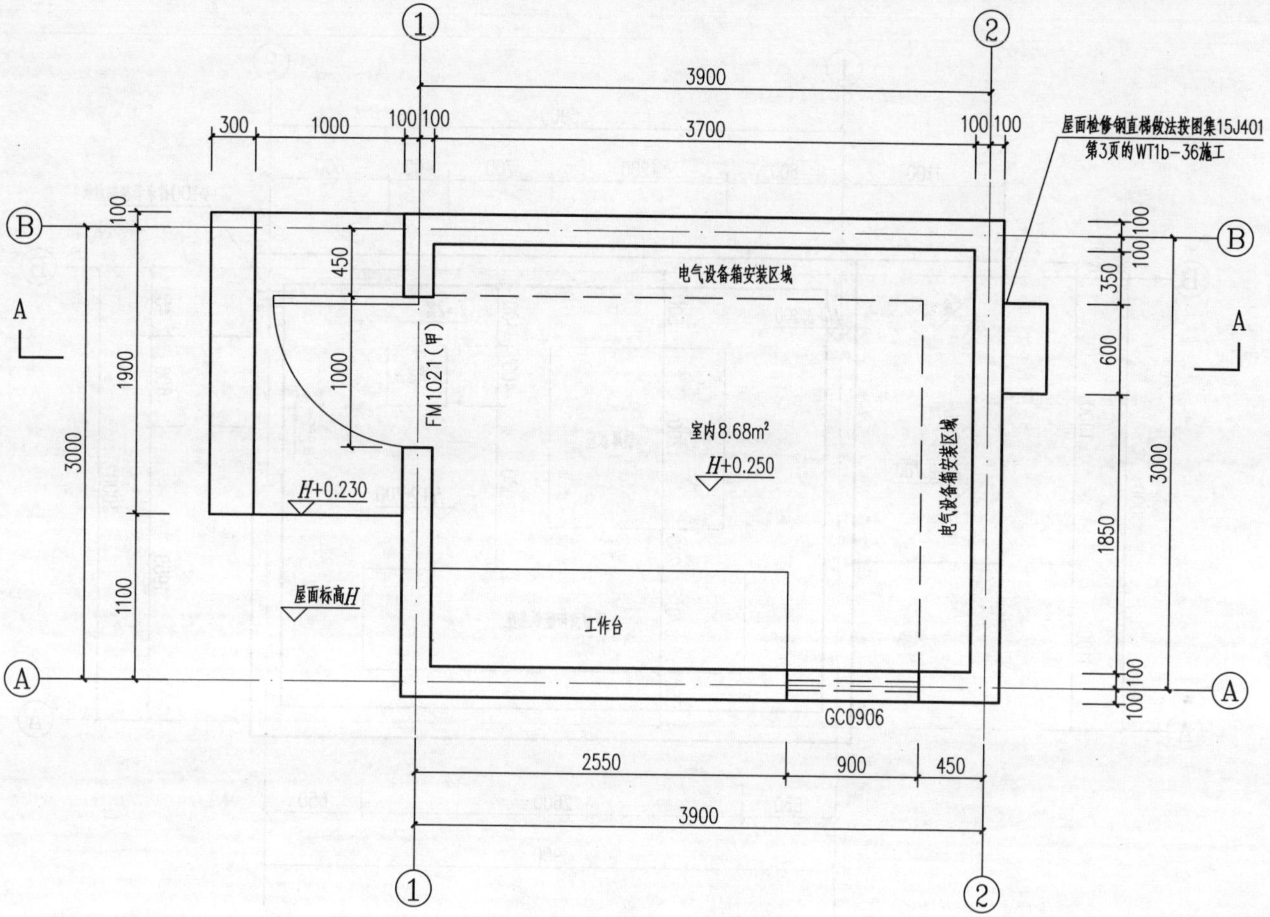

Ⅲ型一层平面图

注:

1. Ⅲ型为3.9mx3.0m，建筑面积13.12m^2，室内面积10.36m^2。
2. 防水材料、保温材料及其做法同建筑主楼屋面设计。
3. H为所处主楼屋面建筑标高。

门窗表

种类	型号	尺寸
钢制防火门	FM1021(甲)	1000x2100
铝合金防雨百叶窗(高窗)	GC0906	900x600

Ⅲ型一层平面图							图集号	2020沪J 110
审核	郦振中	郦振中	校对	陈琦	陈琦	设计 干俊 干俊	页码	19

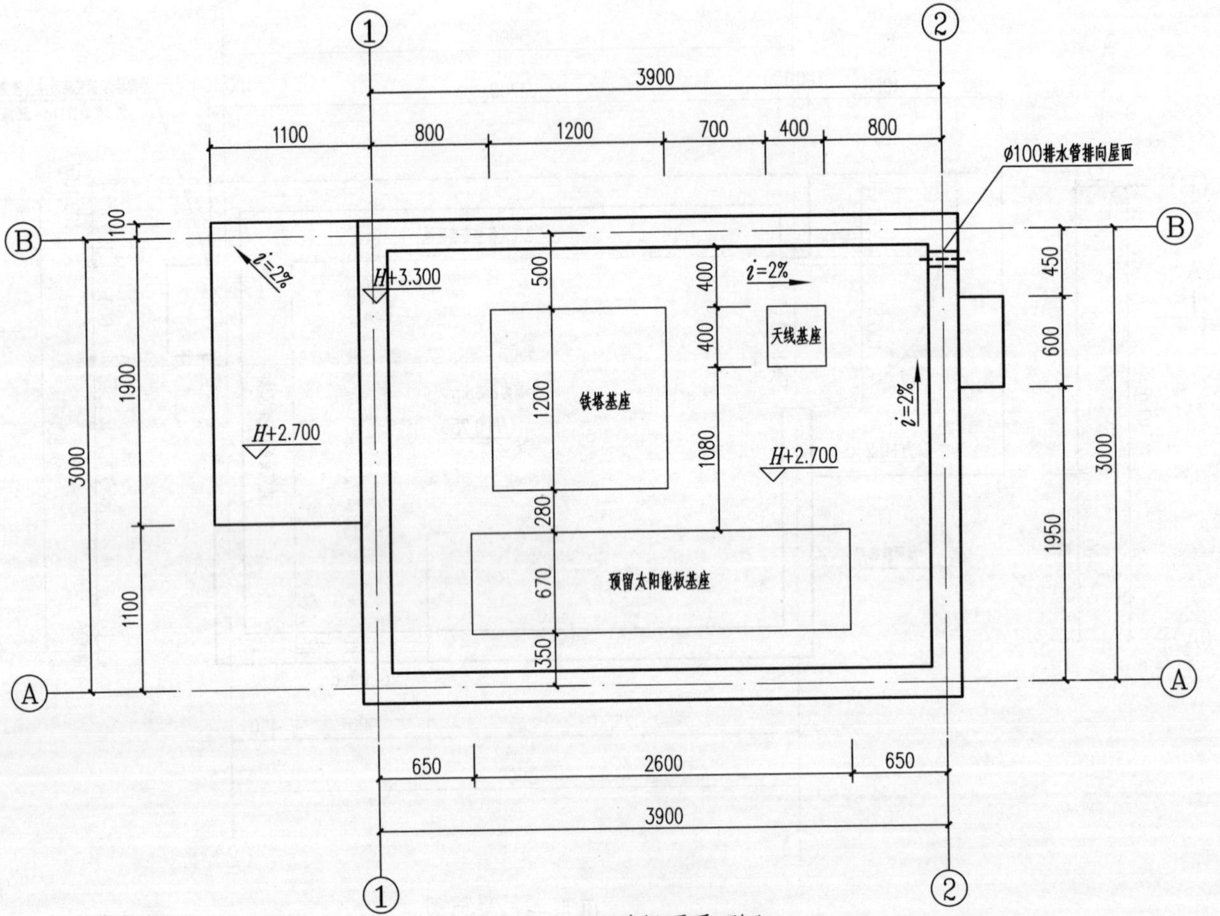

Ⅲ型屋顶平面图

Ⅲ型屋顶平面图									图集号	2020沪J 110
审核	郦振中	郦振中	校对	陈琦	陈琦	设计	干俊	干俊	页 码	20

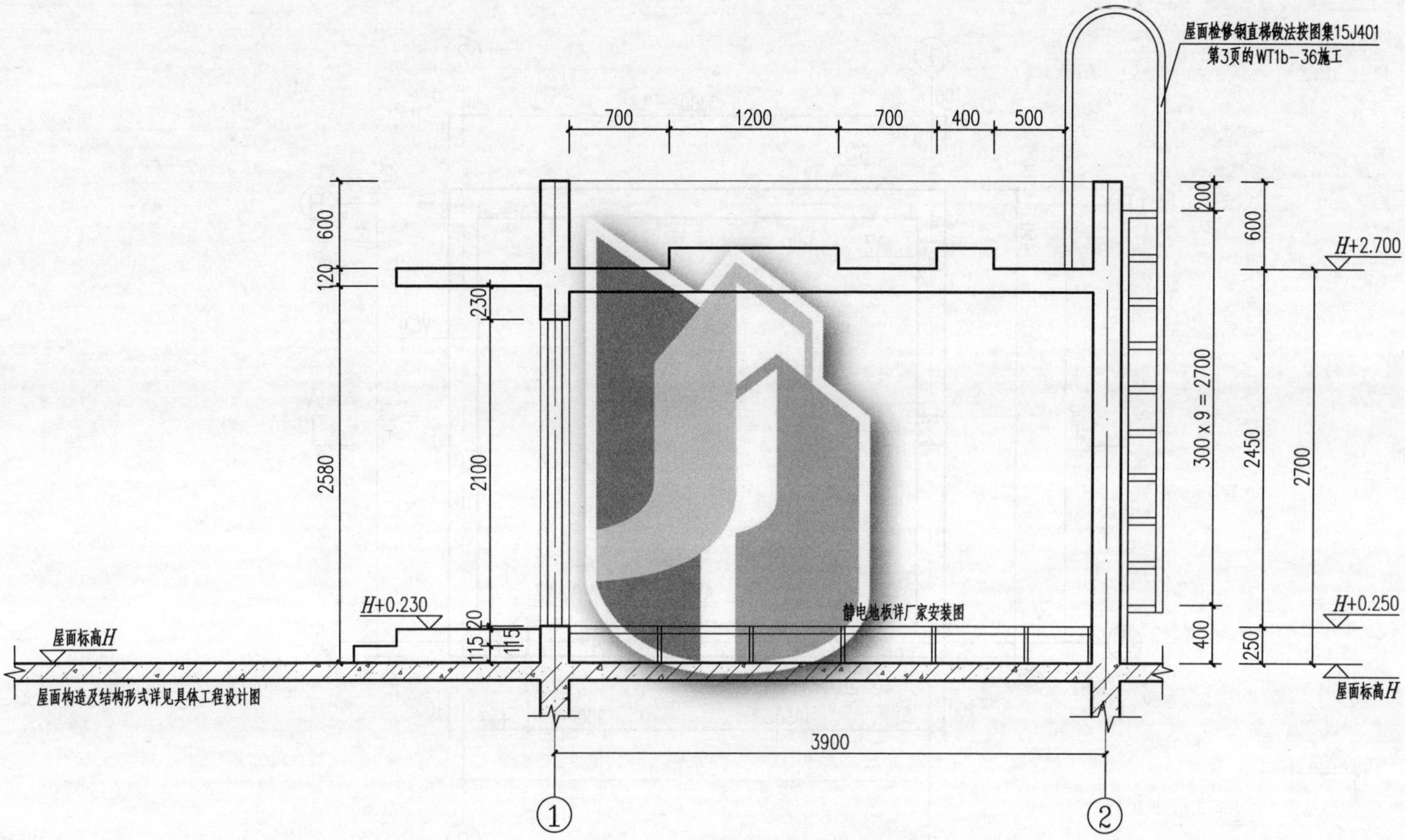

Ⅲ型 A—A 剖面图

Ⅲ型A-A剖面图									图集号	2020沪J 110
审核	郦振中	郦振中	校对	陈琦	陈琦	设计	干俊	干俊	页 码	21

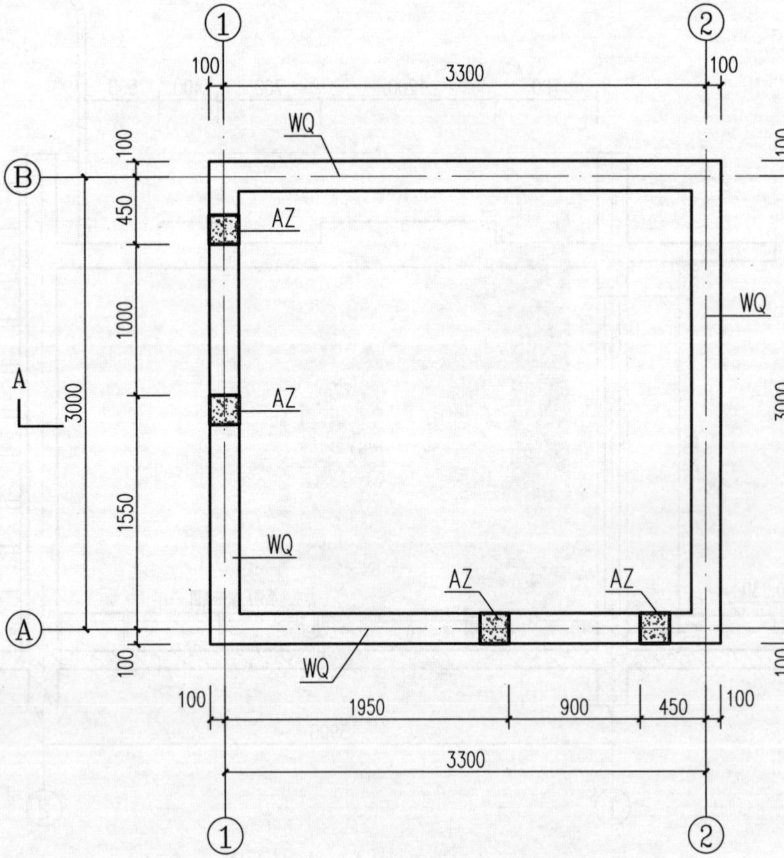

Ⅰ型墙体结构平面图

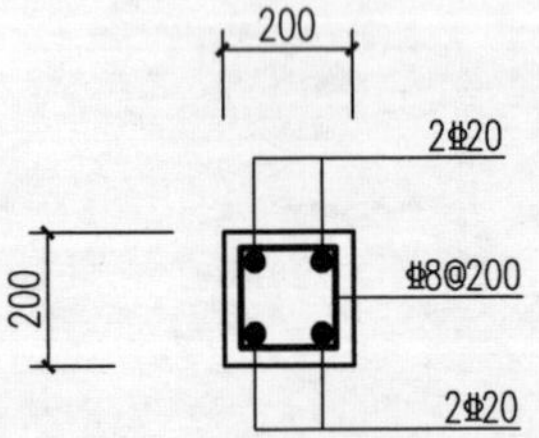

AZ配筋图

注：WQ指设施专用房的外墙，AZ指墙中暗柱。

Ⅰ型墙体结构平面图							图集号	2020沪J 110
审核	陈振丽		校对	龚文辉		设计	程演	页码	22

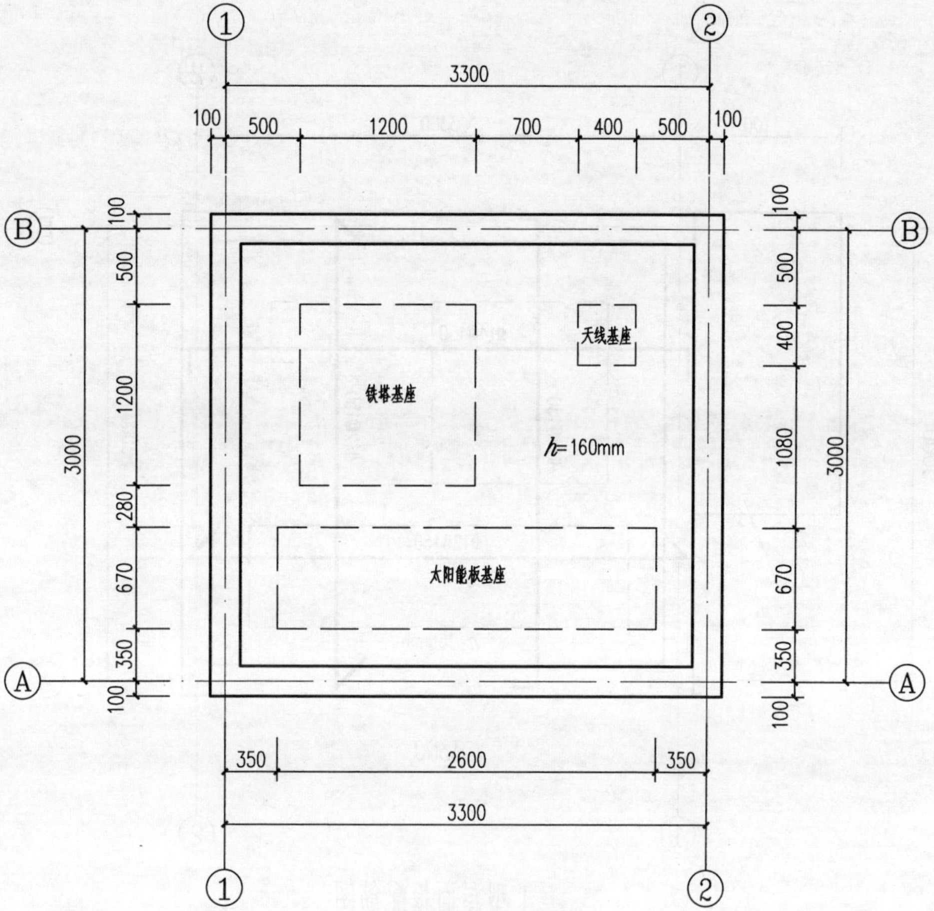

Ⅰ型屋顶结构平面图

Ⅰ型屋顶结构平面图								图集号	2020沪J 110
审核	陈振丽		校对	龚文辉		设计	程演	页　码	23

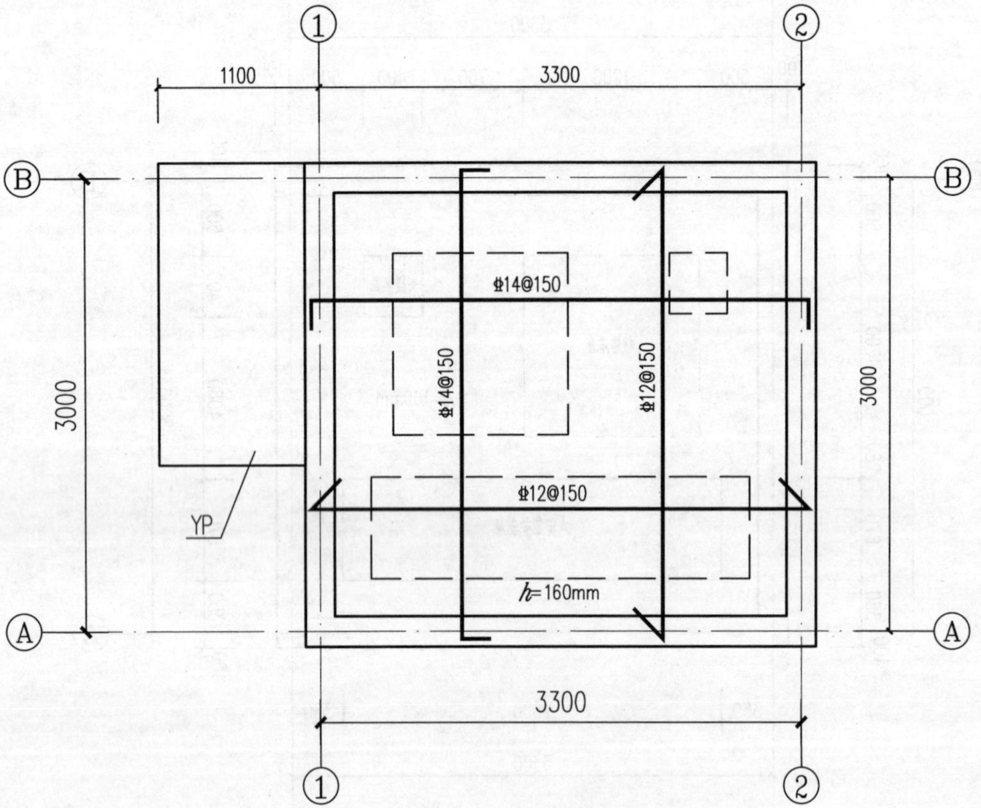

Ⅰ型屋面板配筋图

YP配筋详本图集第35页

注：YP指雨篷。

Ⅰ型屋面板配筋图								图集号	2020沪J 110
审核	陈振丽		校对	龚文辉		设计	程演	页 码	24

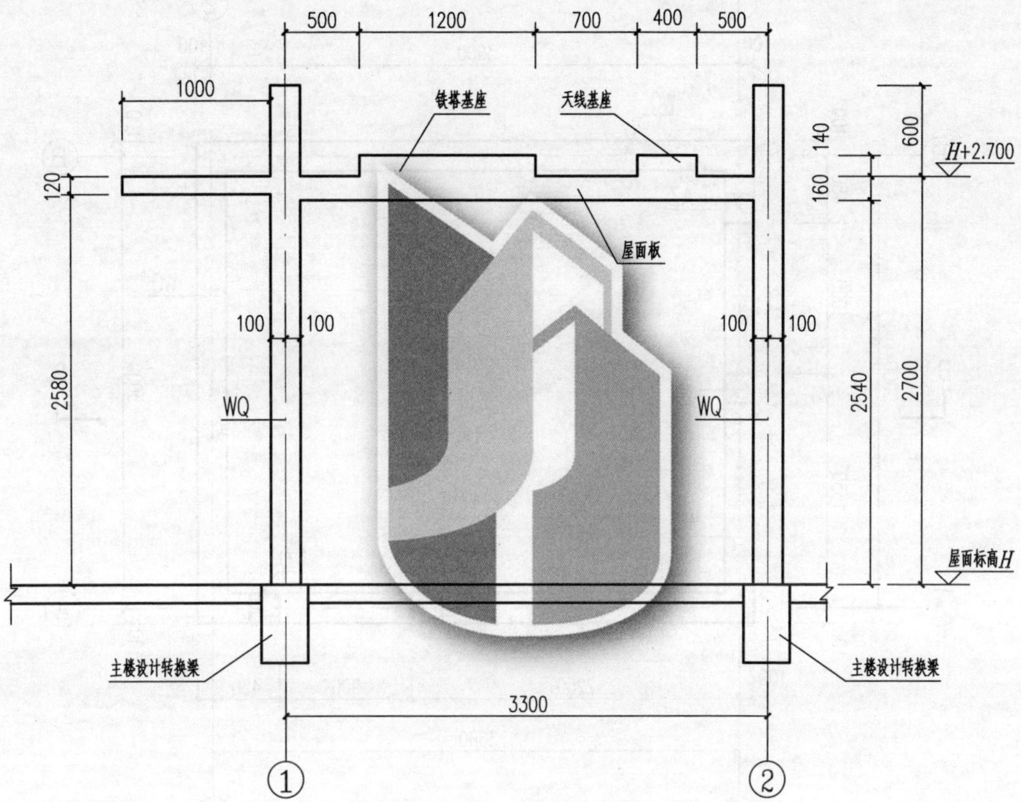

500
1200
700
400
500
1000
铁塔基座
天线基座
600
H+2.700
140
160
120
屋面板
100
100
100
100
2580
2540
2700
WQ
WQ
屋面标高H
主楼设计转换梁
主楼设计转换梁
3300
1
2

A-A剖面图

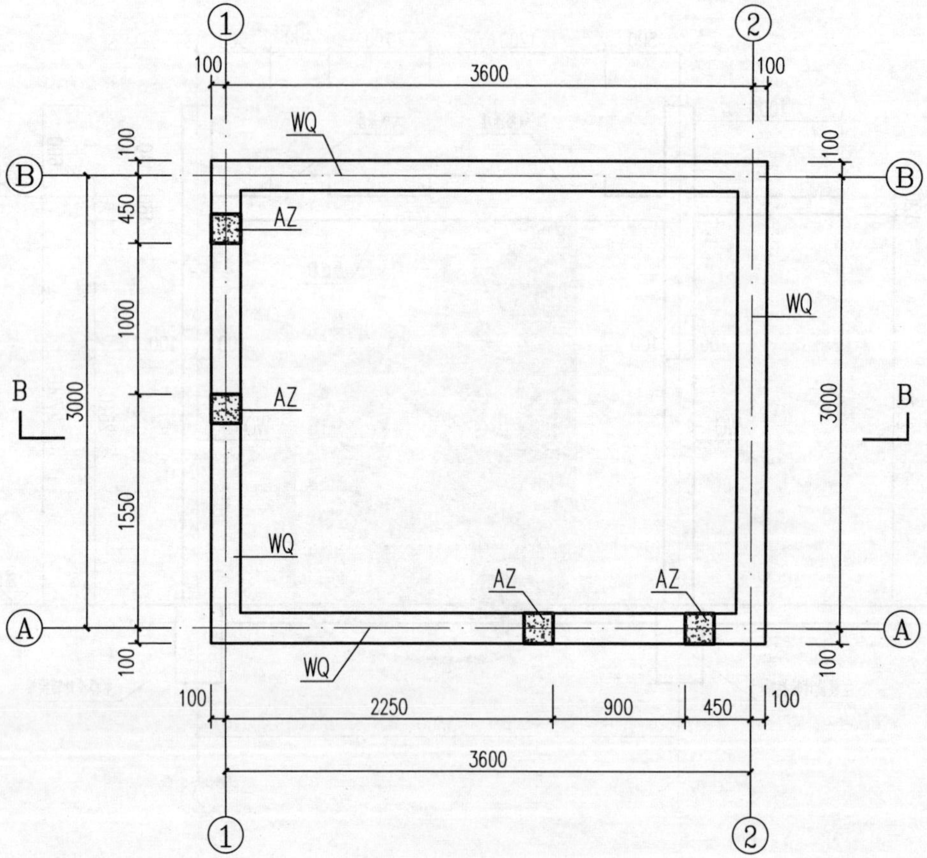

Ⅱ型墙体结构平面图

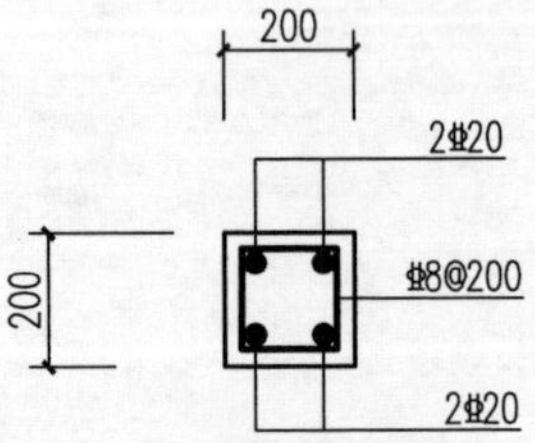

AZ配筋图

注：WQ指设施专用房的外墙，AZ指墙中暗柱。

Ⅱ型墙体结构平面图						图集号	2020沪J 110
审核	陈振丽	校对	龚文辉	设计	程演	页 码	26

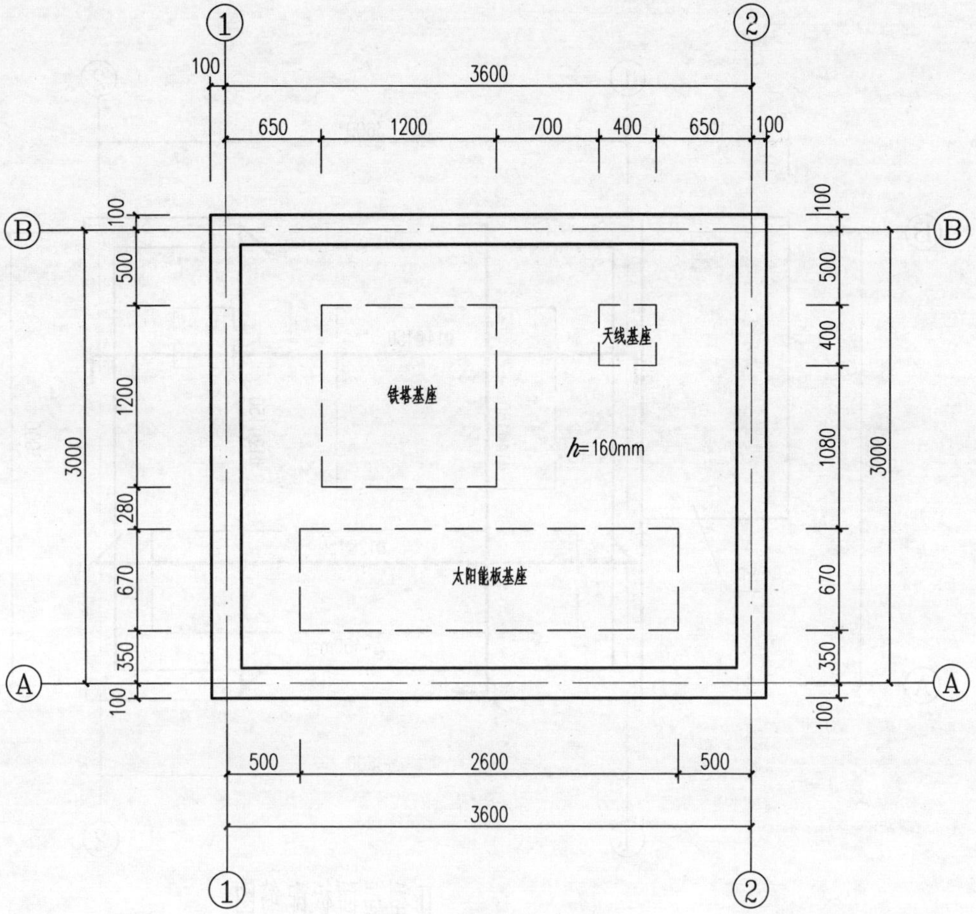

Ⅱ型屋顶结构平面图

Ⅱ型屋顶结构平面图								图集号	2020沪J 110
审核	陈振丽		校对	龚文辉		设计	程演	页 码	27

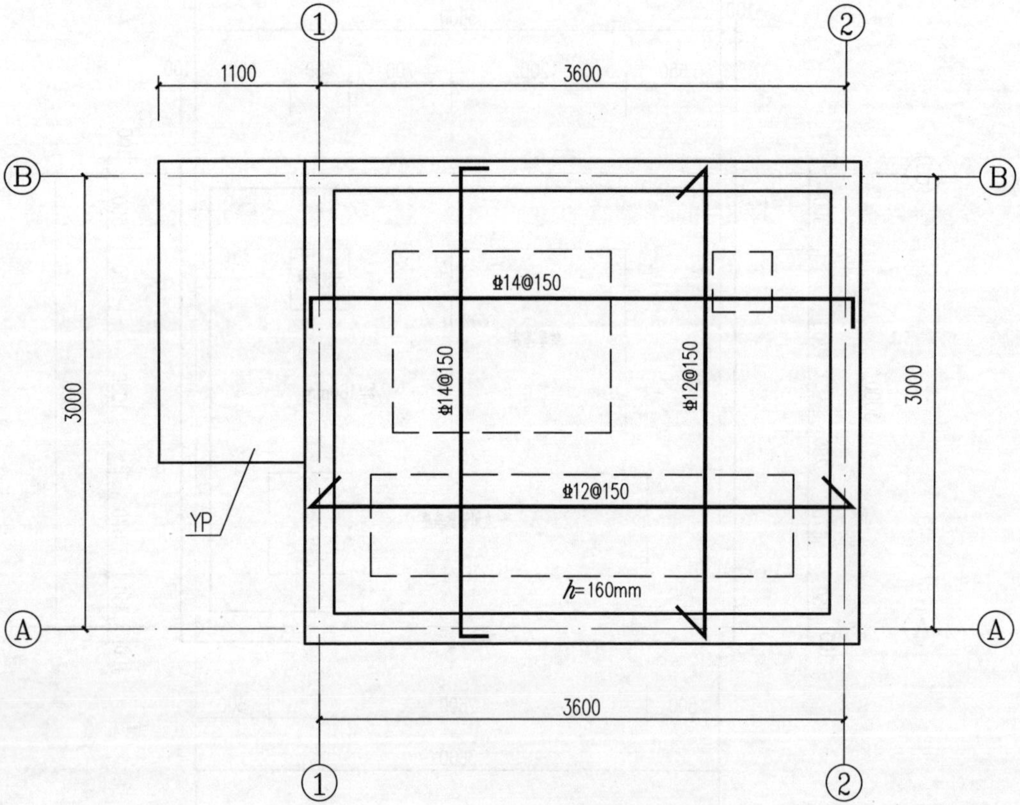

II型屋面板配筋图

YP配筋详本图集第35页

注：YP指雨篷。

II型屋面板配筋图								图集号	2020沪J 110
审核	陈振丽		校对	龚文辉		设计	程演		页码	28

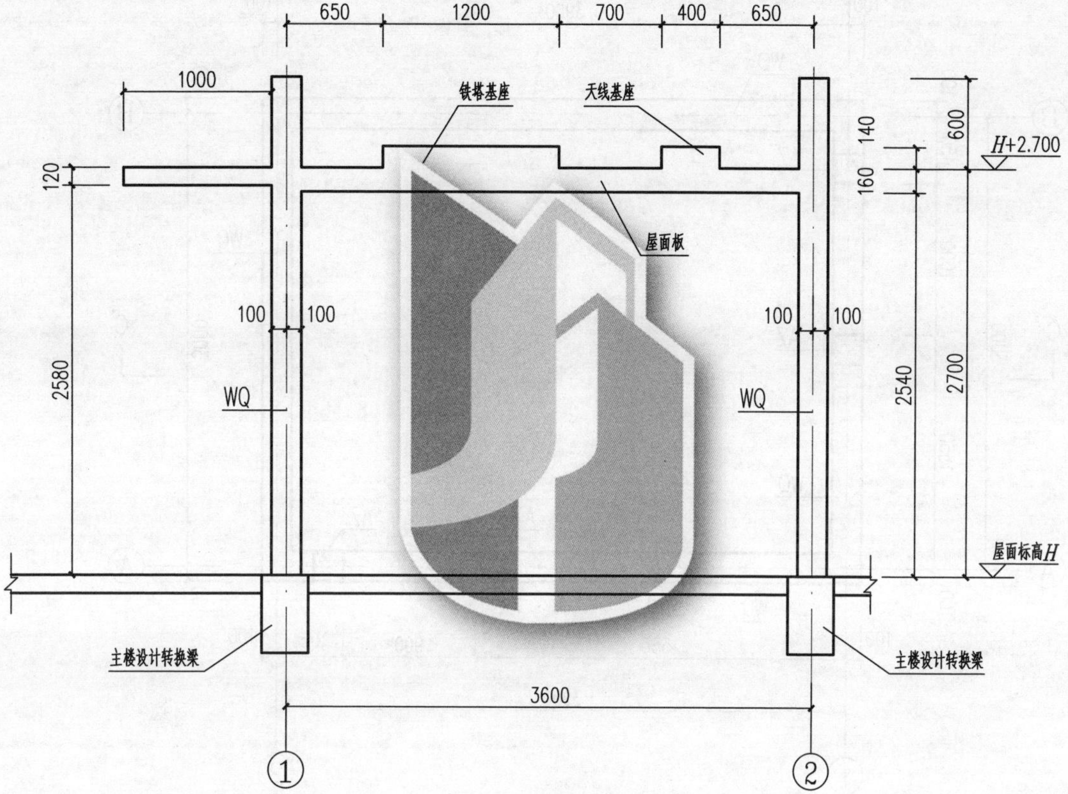

B-B剖面图

B-B剖面图							图集号	2020沪J 110
审核	陈振丽		校对	龚文辉		设计	程演		页码	29

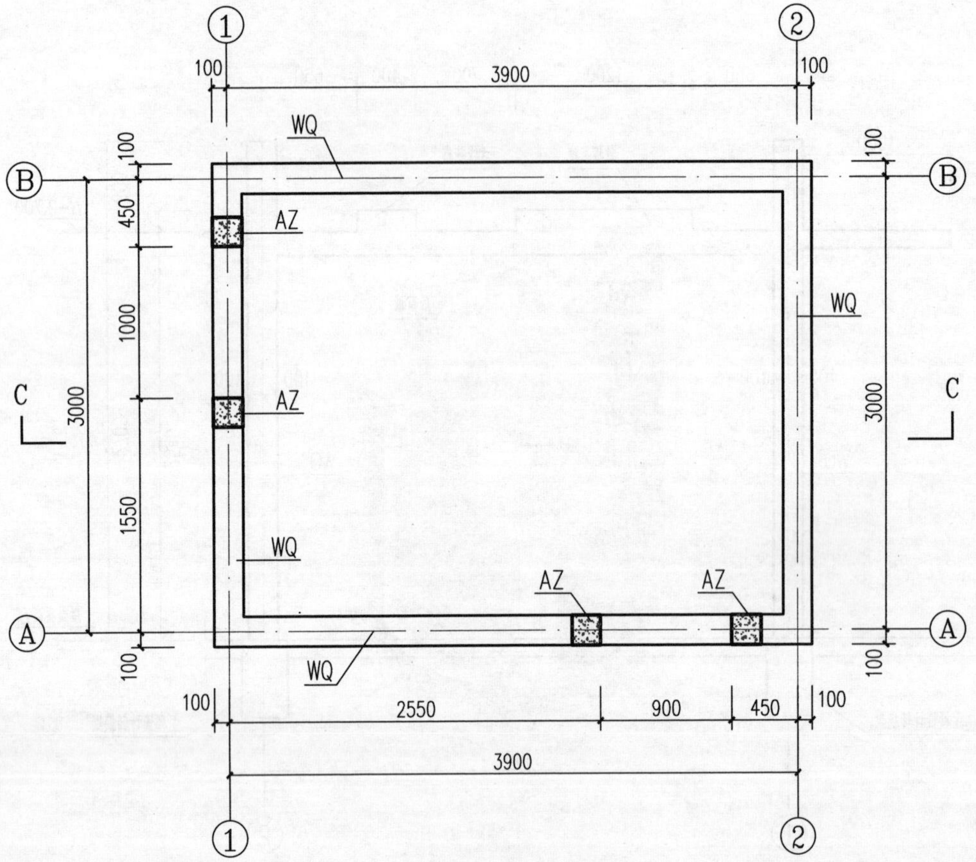

Ⅲ型墙体结构平面图

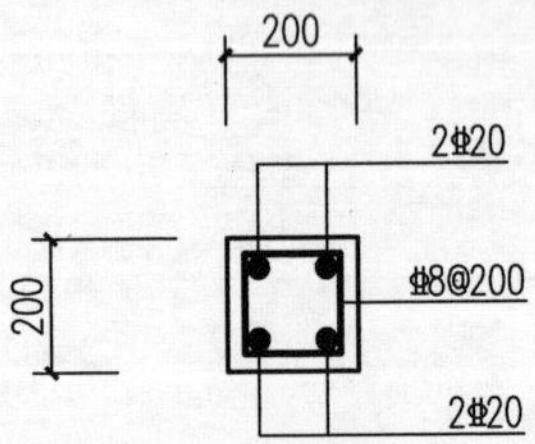

AZ配筋图

注：WQ指设施专用房的外墙，AZ指墙中暗柱。

Ⅲ型墙体结构平面图							图集号	2020沪J 110
审核	陈振丽	校对	龚文辉	设计	程演		页码	30

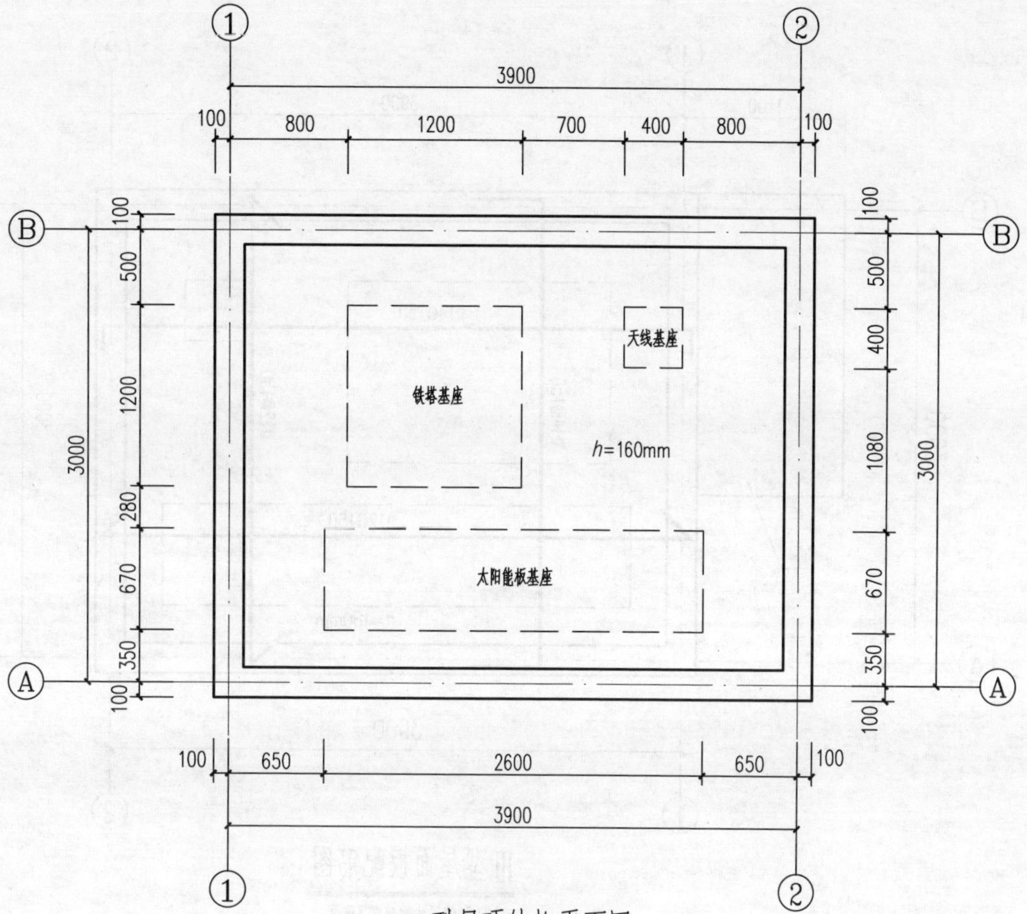

Ⅲ型屋顶结构平面图

Ⅲ型屋顶结构平面图								图集号	2020沪J 110
审核	陈振丽	[signature]	校对	龚文辉	[signature]	设计	程演	[signature] 页码	31

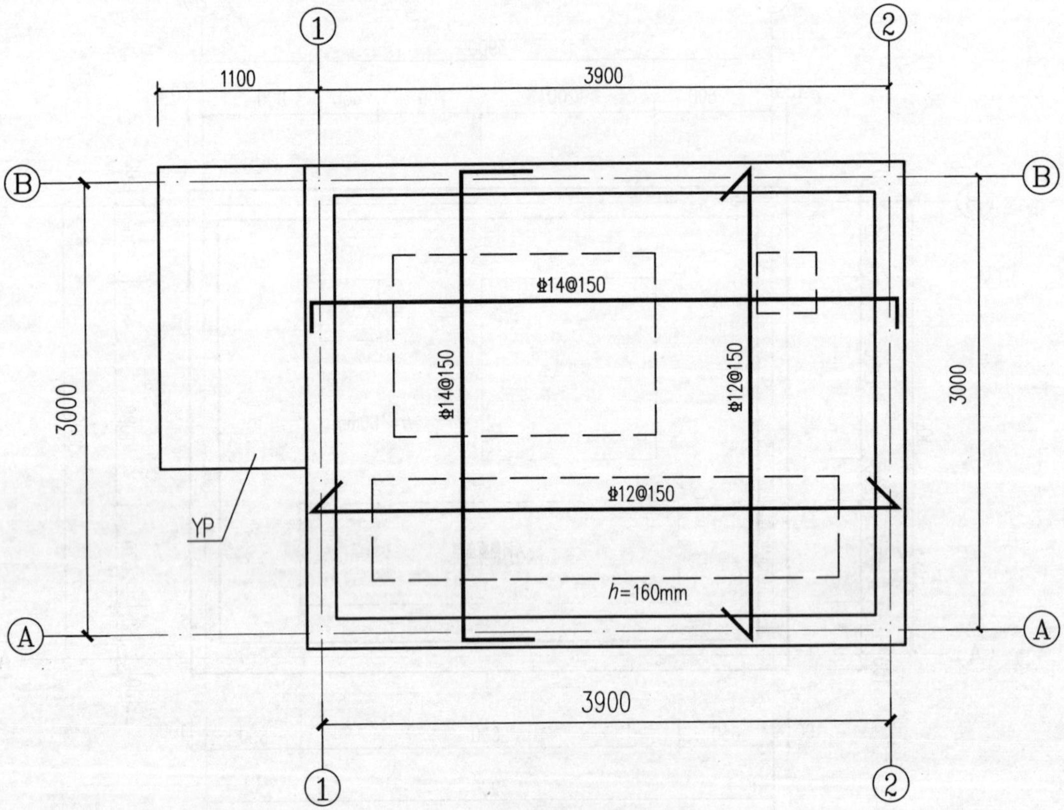

Ⅲ型屋面板配筋图

YP配筋详本图集第35页

注：YP指雨篷.

Ⅲ型屋面板配筋图									图集号	2020沪J 110
审核	陈振丽	(签名)	校对	龚文辉	(签名)	设计	程演	(签名)	页码	32

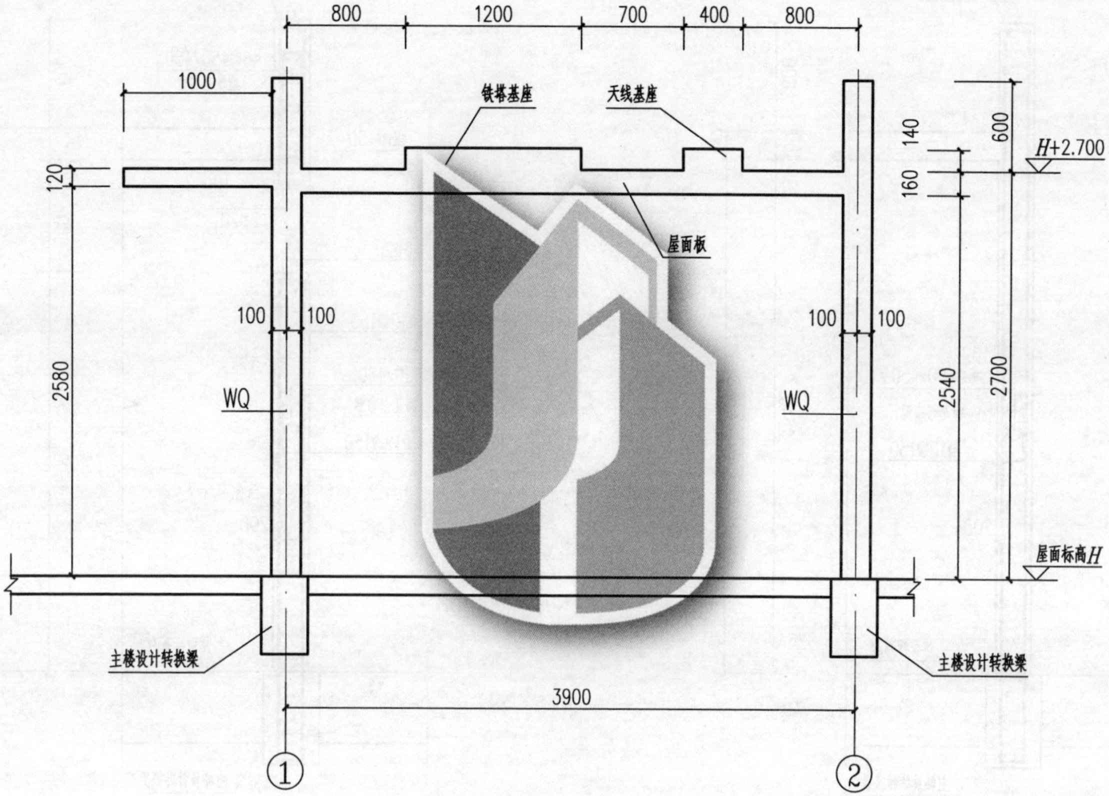

C-C剖面图

C-C剖面图								图集号	2020沪J 110
审核	陈振丽		校对	龚文辉		设计	程演	页码	33

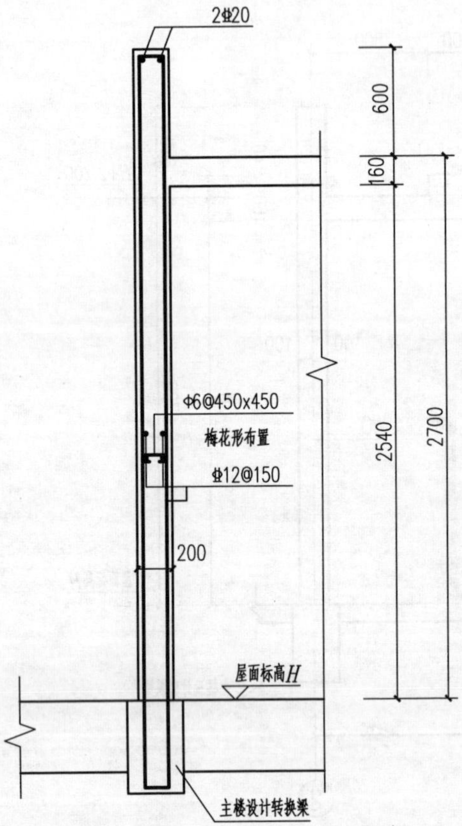

WQ配筋图

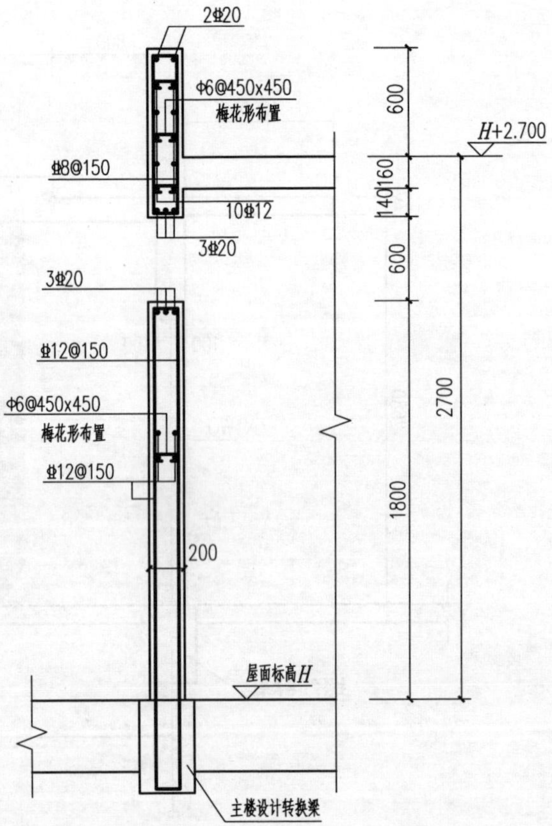

WQ开窗配筋图

注：WQ指设施专用房的外墙。

WQ配筋详图（一）								图集号	2020沪J 110
审核	陈振丽	（签名）	校对	龚文辉	（签名）	设计	程演	（签名）	页码	34

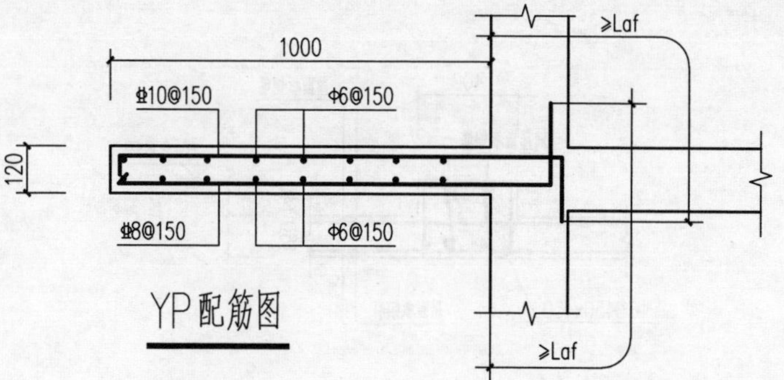

YP配筋图

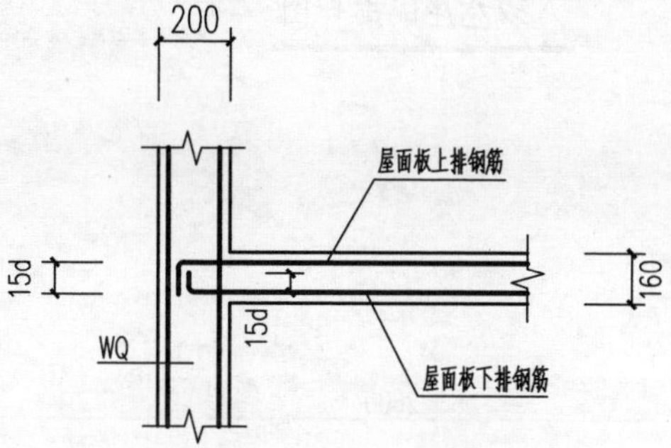

板钢筋与WQ连接处节点详图

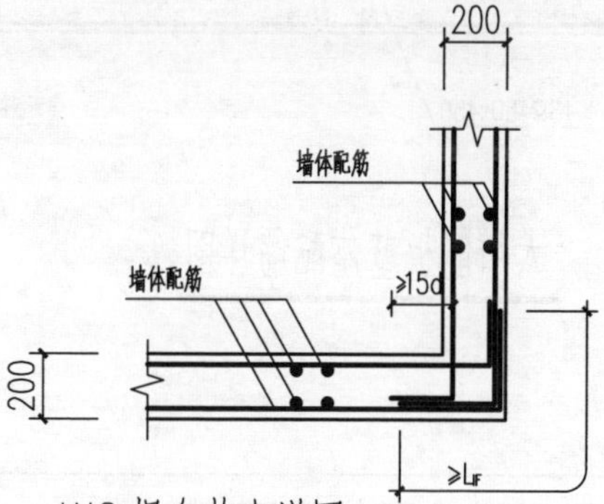

WQ拐角节点详图

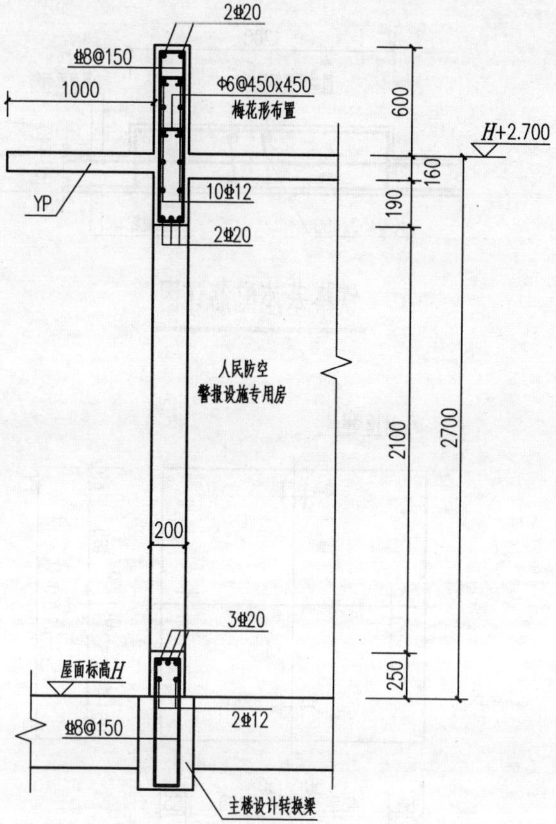

WQ开门洞配筋图

注：
1. YP平面尺寸详屋面板配筋图。
2. 指设施专用房的外墙。

WQ配筋详图（二）						图集号	2020沪J 110
审核	陈振丽	校对	龚文辉	设计	程演	页码	35

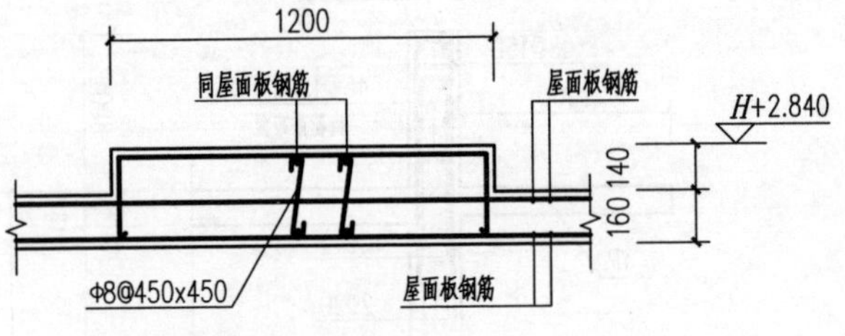

铁塔基座配筋详图

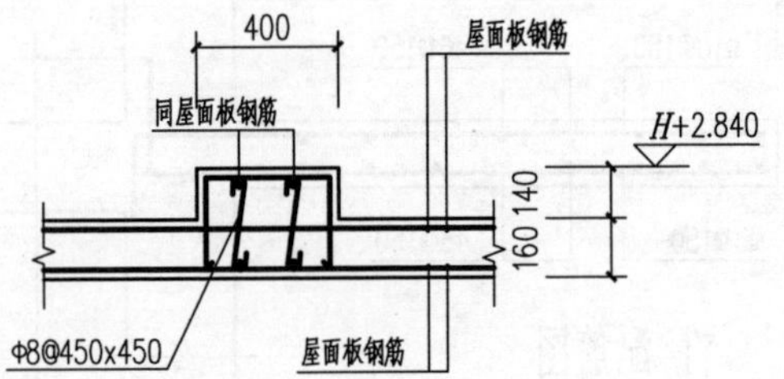

天线基座配筋详图

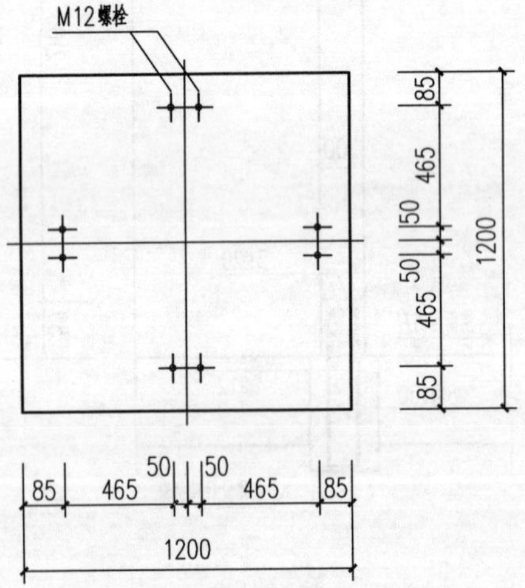

铁塔预埋件定位

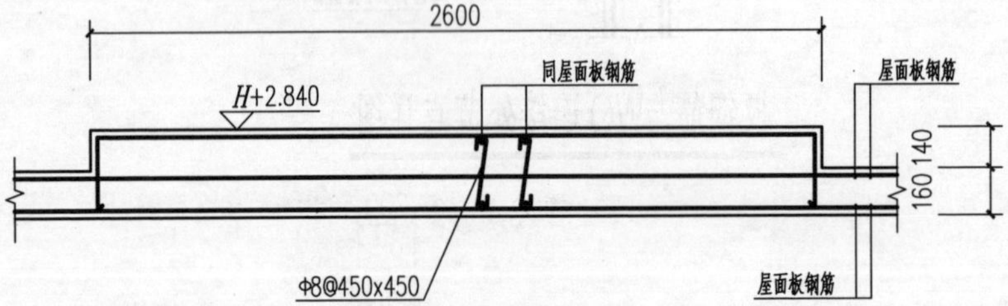

太阳能板基座配筋详图

注：基础预埋件，预埋件仅用于固定报警器铁塔，铁塔详见本图集第64页。

设备基座配筋详图								图集号	2020沪J 110
审核	陈振丽		校对	龚文辉		设计	程演	页码	36

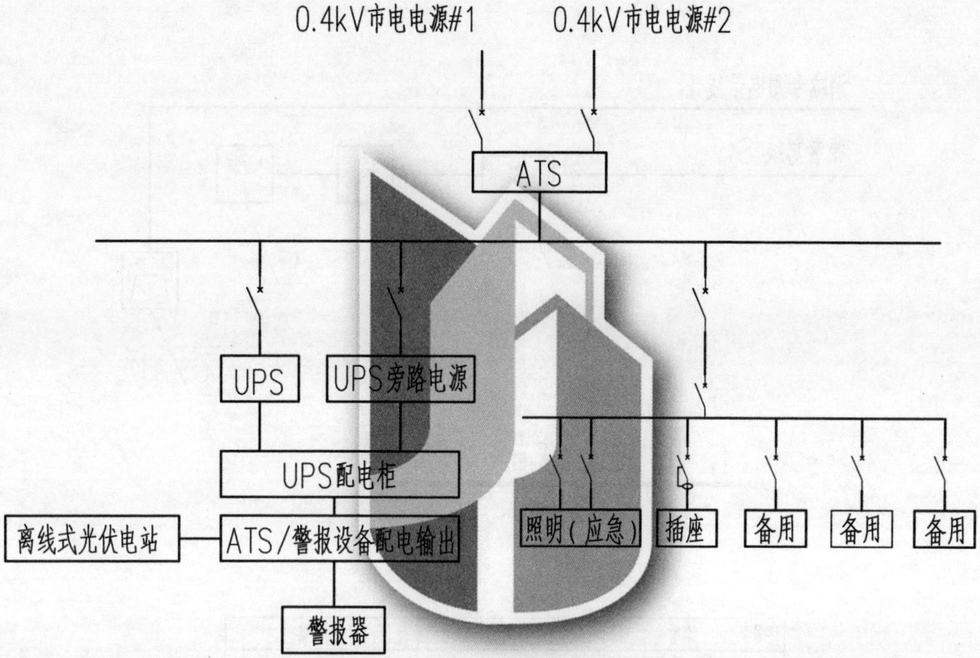

Ⅰ，Ⅱ，Ⅲ型设备电力系统图

Ⅰ，Ⅱ，Ⅲ型设备电力系统图								图集号	2020沪J 110	
审核	王进		校对	陈浩		设计	王建新		页码	37

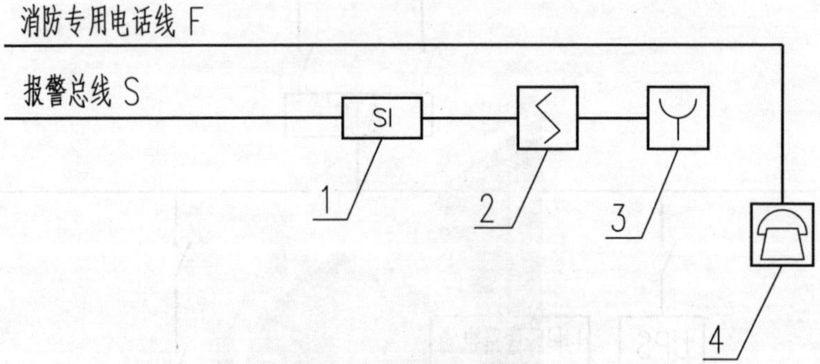

Ⅰ，Ⅱ，Ⅲ型火灾自动报警系统图

序号	名称	型号及规格	单位	数量	备注
1	短路隔离器	由具体工程设计确定	个	1	
2	感烟探测器	光电烟感、地址型	个	1	吸顶安装
3	手动火灾报警装置	由具体工程设计确定	个	1	
4	消防电话	由具体工程设计确定	个	1	

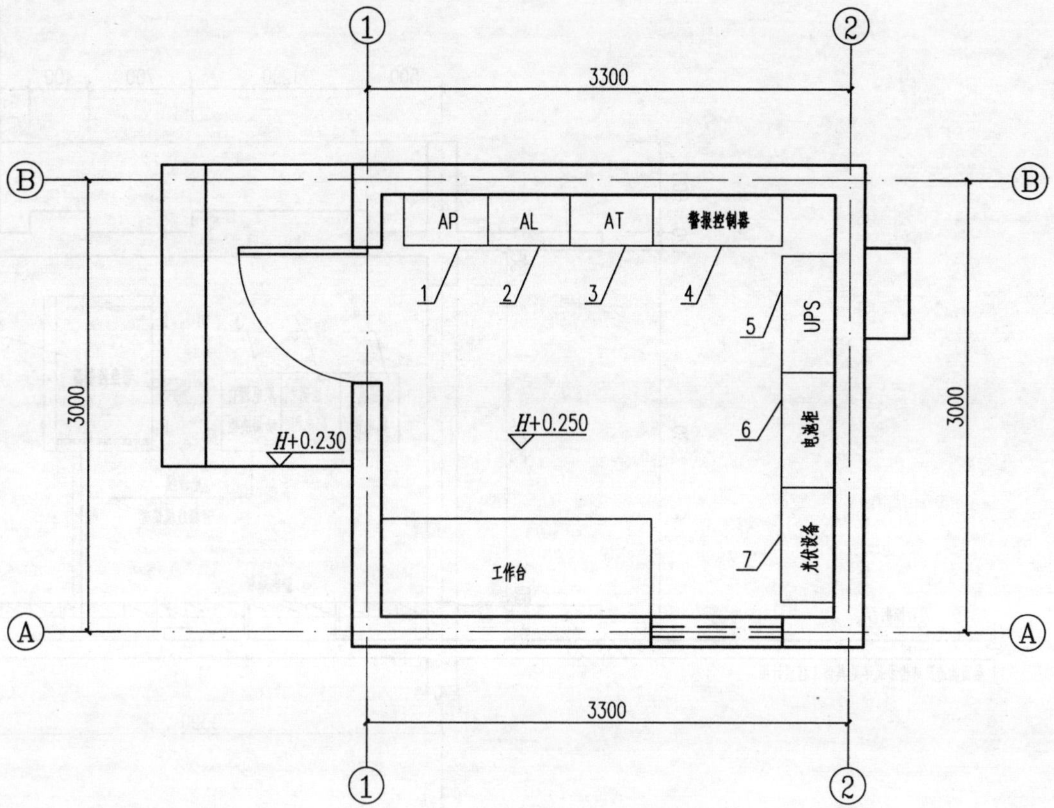

I型设备平面布置图

注:

1. 各类配电柜、警报控制器应挂壁安装。
2. UPS配电柜及光伏设备的布置应方便检修和维护。
3. UPS配电柜和电池柜如无法挂壁安装，不得直接放置在防静电地板上，静电地板与主楼屋面板之间应采用C20素混凝土浇筑设备基础。

序号	名称	型号及规格	单位	数量	备注
1	进线配电柜	由具体工程设计确定	个	1	
2	照明配电柜	由具体工程设计确定	个	1	
3	双电源自动切换柜	由具体工程设计确定	个	1	
4	警报控制器	由具体工程设计确定	个	1	
5	UPS配电柜	由具体工程设计确定	个	1	由工程具体负荷确定容量
6	UPS电池柜	由具体工程设计确定	个	1	由UPS容量确定蓄电池数量
7	光伏电站	由具体工程设计确定	个	1	包括光伏控制器、蓄电池、逆变器

I型设备平面布置图						图集号	2020沪J 110
审核	吴道军	校对	朱峰	设计	韩斐斐	页码	39

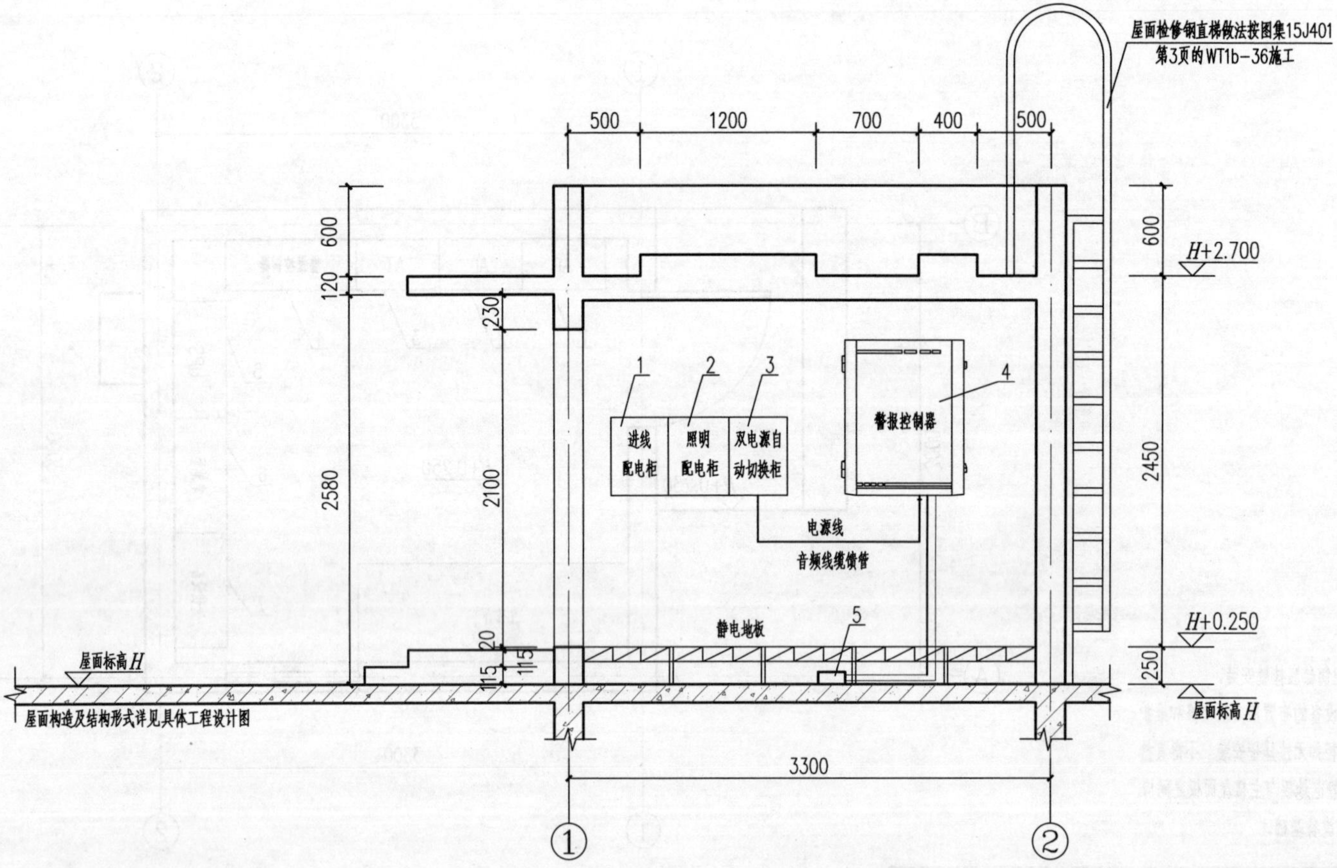

Ⅰ型设备安装侧视图

序号	名称	型号及规格	单位	数量	备注
1	进线配电柜	由具体工程设计确定	个	1	
2	照明配电柜	由具体工程设计确定	个	1	
3	双电源自动切换柜	由具体工程设计确定	个	1	
4	警报控制器	由具体工程设计确定	个	1	
5	金属线槽	由具体工程设计确定	个	1	由工程具体负荷确定容量

Ⅰ型设备安装侧视图								图集号	2020沪J 110
审核	吴道军	[signature]	校对	朱峰	[signature]	设计	王睿	[signature]	页码 40

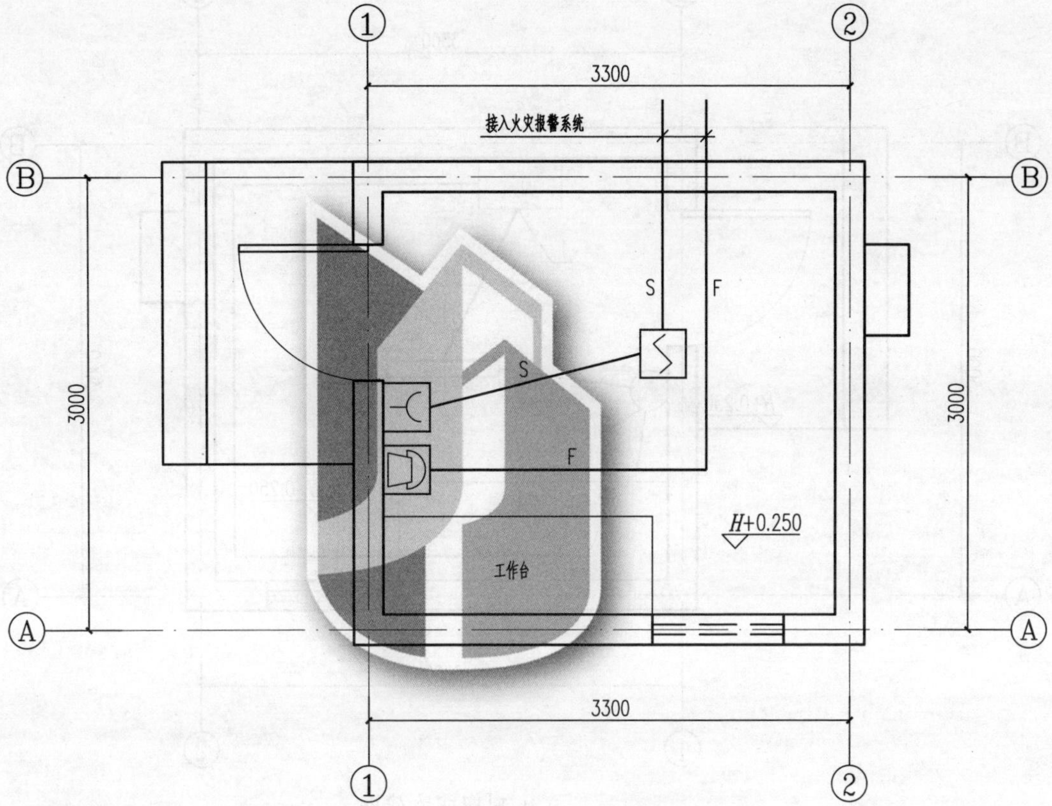

序号	名称	型号及规格	单位	数量	备注
1	短路隔离器	由具体工程设计确定	个	1	SI
2	感烟探测器	光电烟感、地址型	个	1	吸顶安装
3	手动火灾报警装置	由具体工程设计确定	个	1	Y
4	消防电话	由具体工程设计确定	个	1	
5	报警总线	阻燃火阻燃耐火电线电缆			S
6	消防专用电话线	阻燃火阻燃耐火电线电缆			F

Ⅰ型火灾自动报警布线图

Ⅰ型火灾自动报警布线图								图集号	2020沪J 110
审核	陈奕平		校对	陈浩		设计	李臻	页码	41

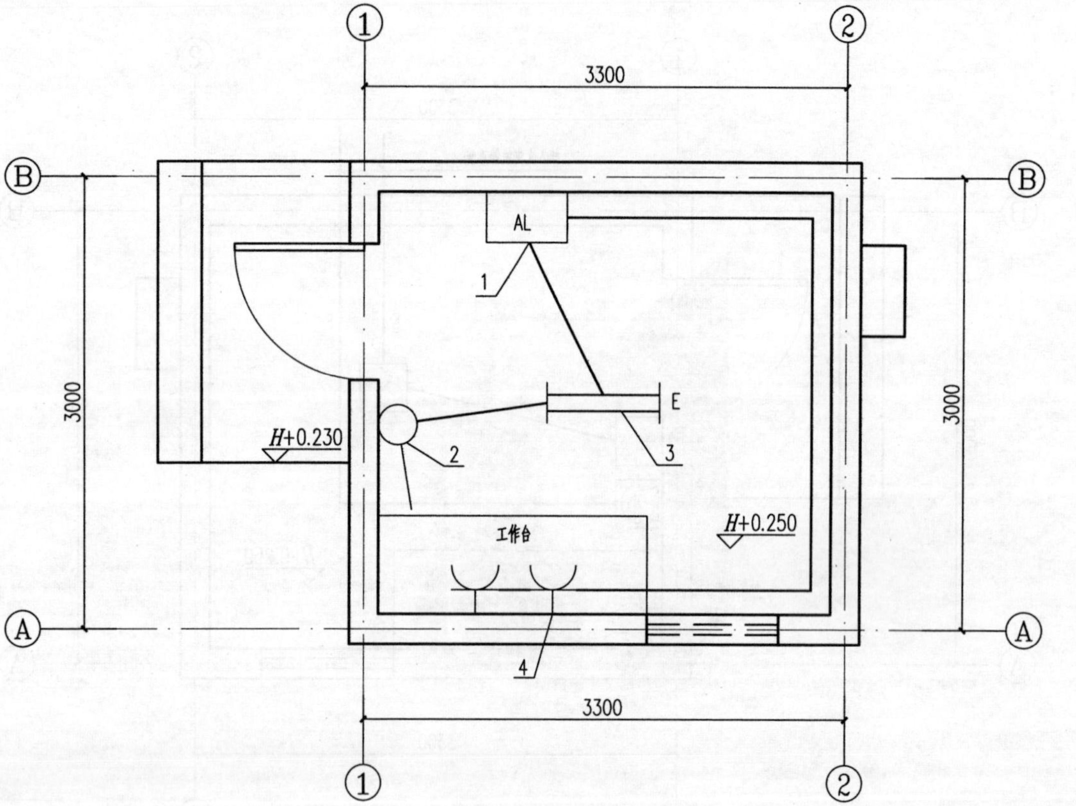

Ⅰ型照明布线图

序号	名称	型号及规格	单位	数量	备注
1	照明配电柜	AL	个	1	AL
2	单联单控开关	250V,10A	个	1	
3	高效节能荧光灯	由具体工程设计确定	个	1	E自带蓄电池
4	插座	250V,16A(二、三孔)	个	2	

注:

1. 人民防空警报设施专用房照度值不低于200lx，应急照明照度值不低于一般照明照度值的10%。
2. 照明灯具应自带蓄电池，当检测到断电时强启，持续时间不少于0.5h。

Ⅰ型照明布线图						图集号	2020沪J 110
审核	吴道军	校对	朱炯澜	设计	王睿	页码	42

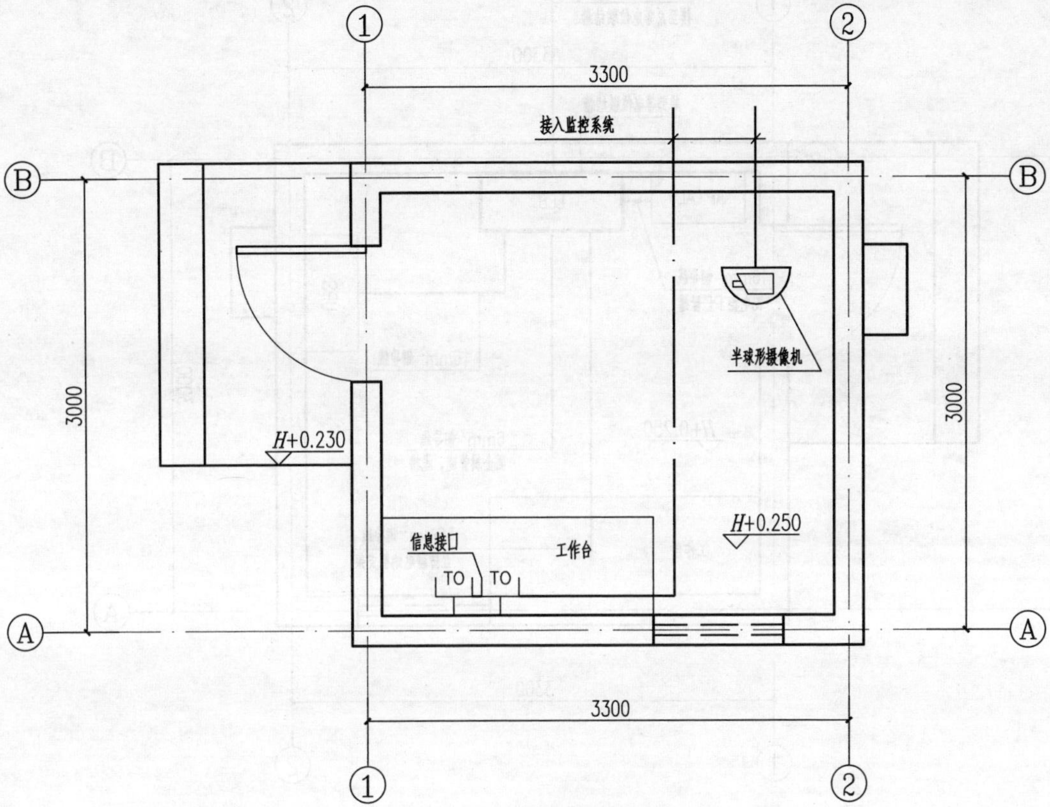

Ⅰ型监控布线图

注：人民防空警报设施专用房远程监控系统应预留2个信息接口，并敷设2回网络线。

Ⅰ型监控布线图							图集号	2020沪J 110
审核	王进	王进	校对	朱炯澜	朱炯澜	设计	杨湘骝	杨湘骝	页码	43

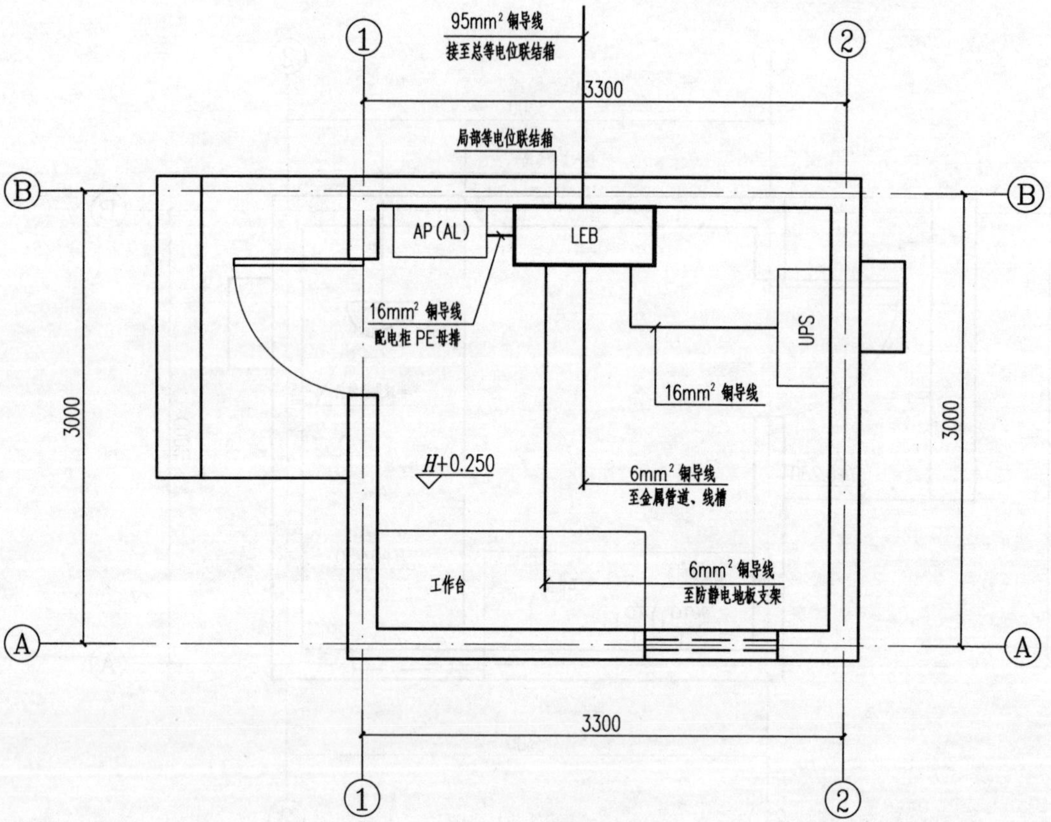

Ⅰ型接地图

注:

1. 本图中各类金属管道、金属线槽、建筑物金属结构与局部等电位联结箱连接,接至总等电位联结箱。
2. 等电位联结线应地面内或墙内穿管暗敷。

Ⅰ型接地图						图集号	2020沪J 110
审核	王进	校对	朱峰	设计	韩斐斐	页码	44

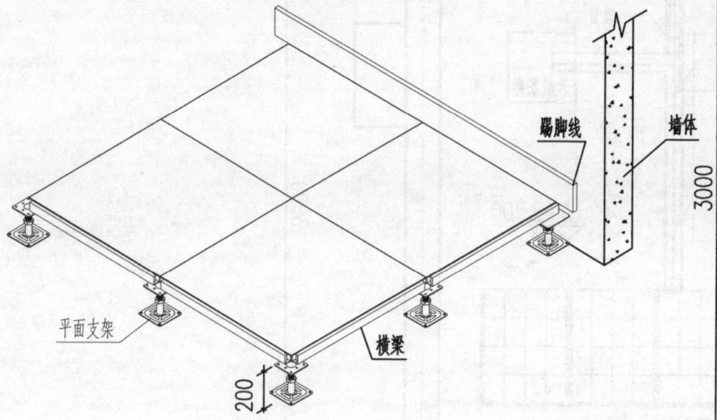

防静电地板安装示意图

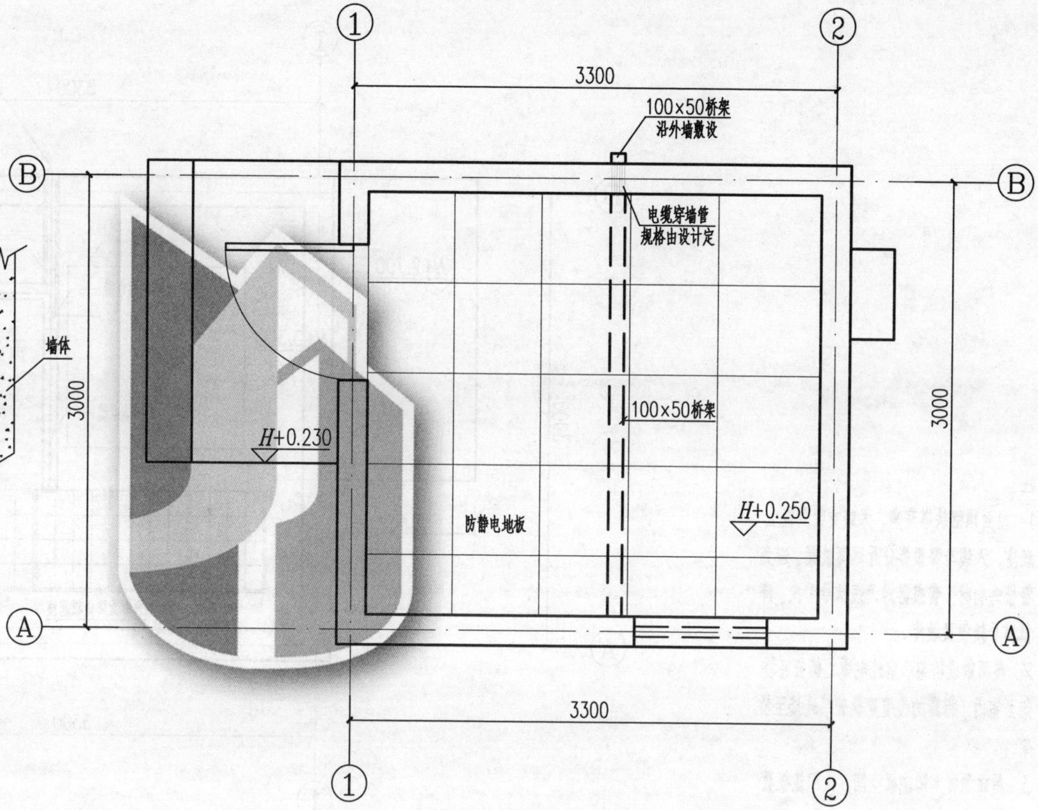

Ⅰ型防静电地板平面示意图

注：本图主要表示桥架敷设方案，防静电地板做法由装修单位统一设计。

Ⅰ型防静电地板示意图								图集号	2020沪J 110
审核	陈奕平		校对	陈浩		设计	朱怡	页码	45

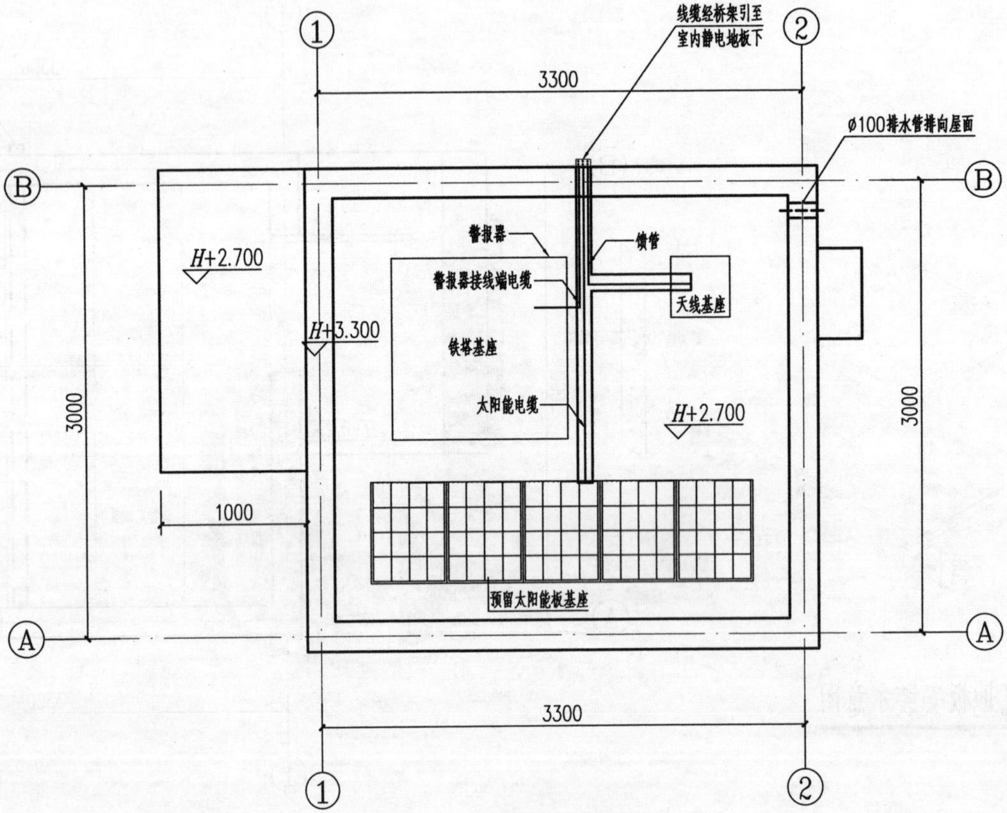

Ⅰ型屋面布置图

注：

1. 屋面预留铁塔底座、天线支架混凝土底座。天线与警报器分开远离放置，避免警报鸣响时，警报器对无线信号干扰，降低信号接收灵敏度。

2. 屋面敷设桥架，室外电缆、馈管经桥架至室内，裸露的线缆穿软管，连接至桥架。

3. 屋面预留太阳能板空间，太阳能板数量需根据工程情况计算确定。

4. 屋面上的铁塔基座、天线基座、太阳能板基座的金属构件与屋面避雷网通过规格为40mmx4mm的镀锌扁钢可靠连接。

5. 警报器与下部建筑防雷、接地为一个联合接地整体，接地电阻≤1Ω。

Ⅰ型屋面布置图						图集号	2020沪J 110
审核	王进	校对	朱炯澜	设计	王建新	页 码	46

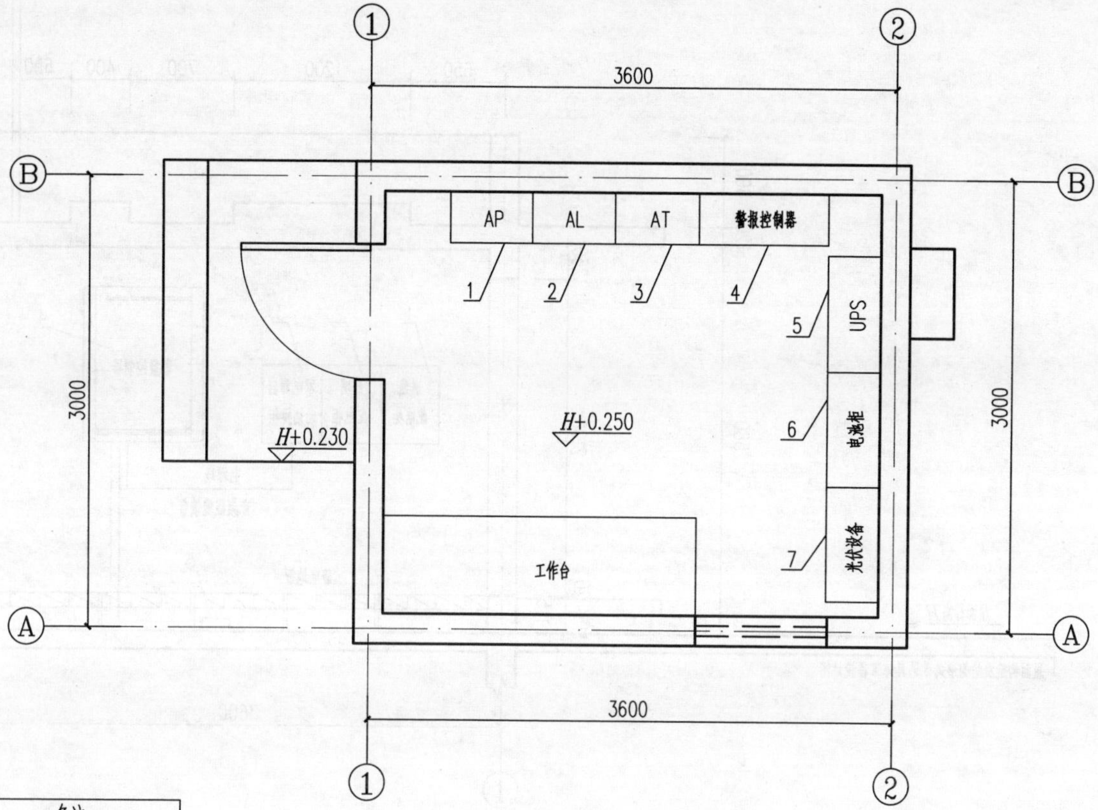

Ⅱ型设备平面布置图

注:

1. 各类配电柜、警报控制器应挂壁安装。
2. UPS配电柜及光伏设备的布置应方便检修和维护。
3. UPS配电柜和电池柜如无法挂壁安装，不得直接放置在防静电地板上，静电地板与主楼屋面板之间应采用C20素混凝土浇筑设备基础。

序号	名称	型号及规格	单位	数量	备注
1	进线配电柜	由具体工程设计确定	个	1	
2	照明配电柜	由具体工程设计确定	个	1	
3	双电源自动切换柜	由具体工程设计确定	个	1	
4	警报控制器	由具体工程设计确定	个	1	
5	UPS配电柜	由具体工程设计确定	个	1	由工程具体负荷确定容量
6	UPS电池柜	由具体工程设计确定	个	1	由UPS容量确定蓄电池数量
7	光伏电站	由具体工程设计确定	个	1	包括光伏控制器、蓄电池、逆变器

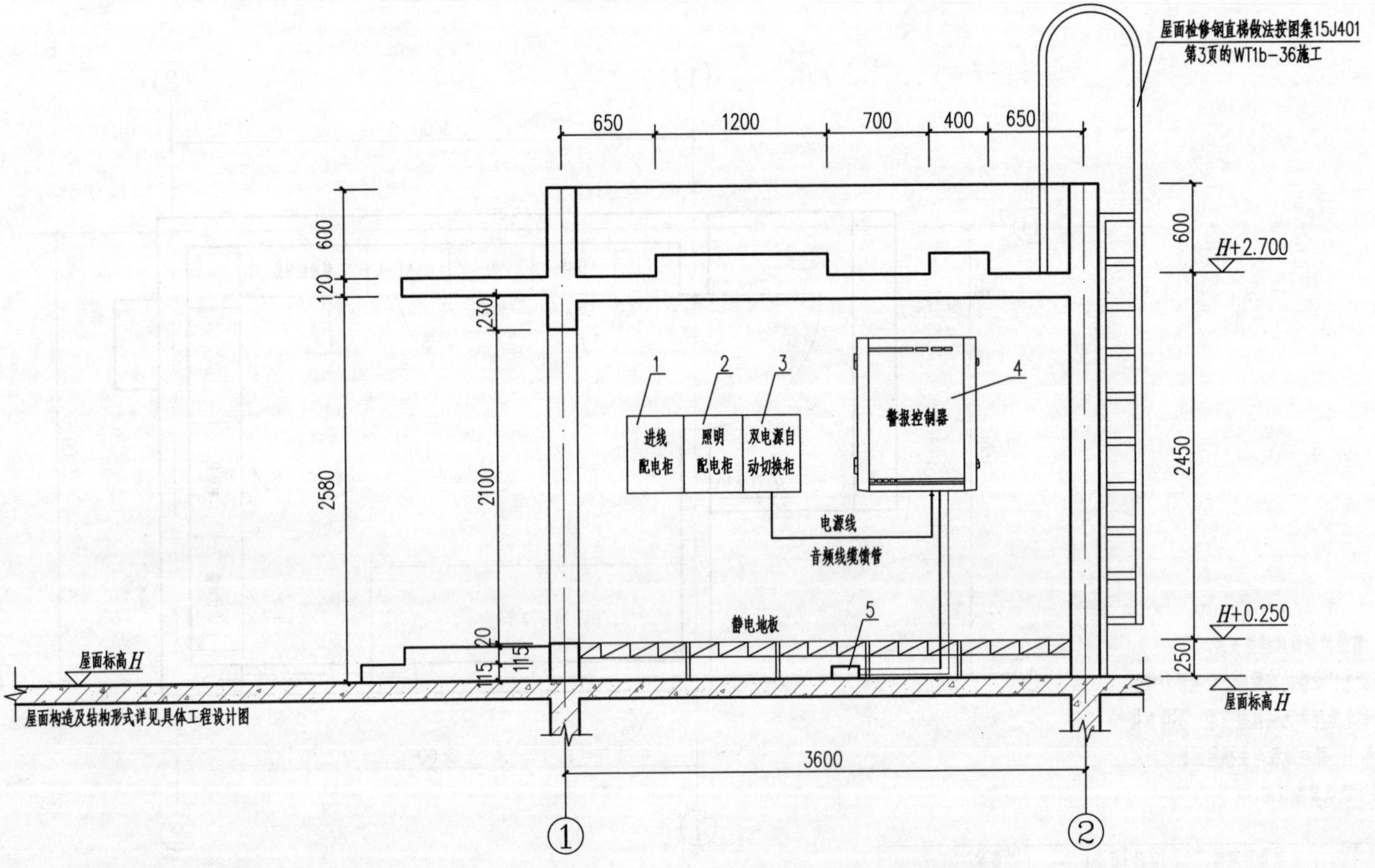

Ⅱ型设备安装侧视图

序号	名称	型号及规格	单位	数量	备注
1	进线配电柜	由具体工程设计确定	个	1	
2	照明配电柜	由具体工程设计确定	个	1	
3	双电源自动切换柜	由具体工程设计确定	个	1	
4	警报控制器	由具体工程设计确定	个	1	
5	金属线槽	由具体工程设计确定	个	1	由工程具体负荷确定容量

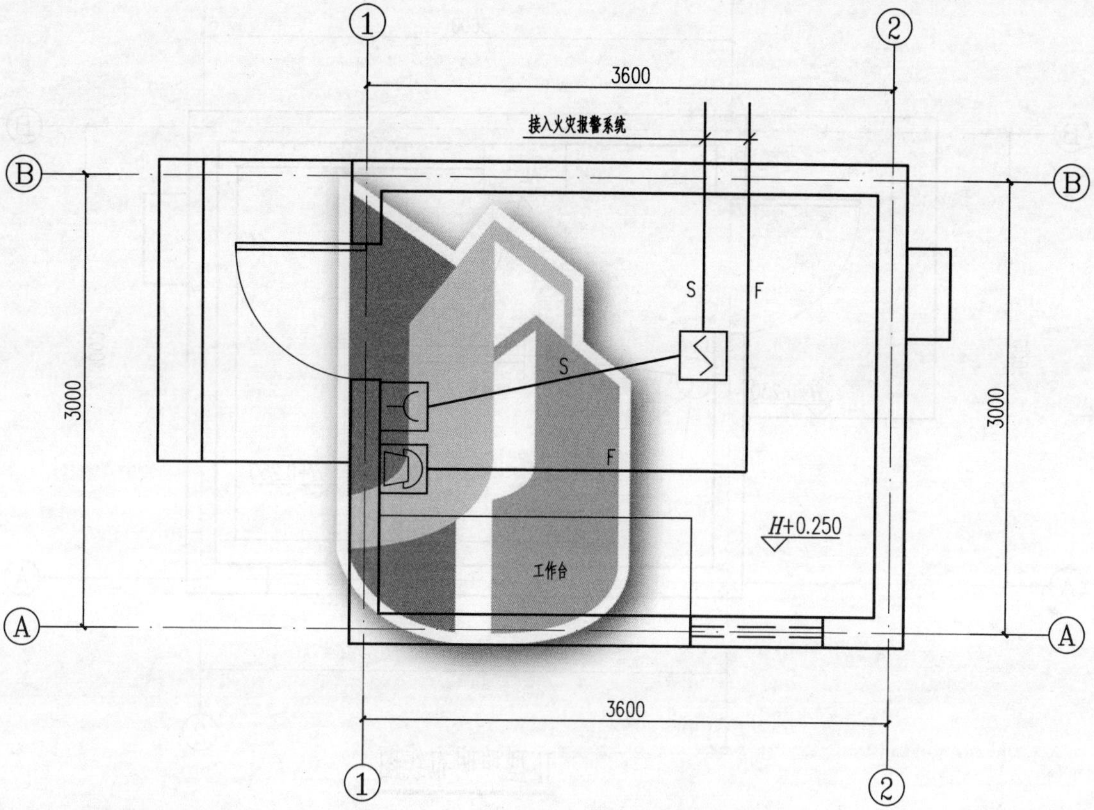

Ⅱ型火灾自动报警布线图

序号	名称	型号及规格	单位	数量	备注
1	短路隔离器	由具体工程设计确定	个	1	SI
2	感烟探测器	光电烟感、地址型	个	1	S 吸顶安装
3	手动火灾报警装置	由具体工程设计确定	个	1	Y
4	消防电话	由具体工程设计确定	个	1	
5	报警总线	阻燃火阻燃耐火电线电缆			S
6	消防专用电话线	阻燃火阻燃耐火电线电缆			F

Ⅱ型火灾自动报警布线图								图集号	2020沪J 110
审核	陈奕平		校对	陈浩		设计	李臻	页 码	49

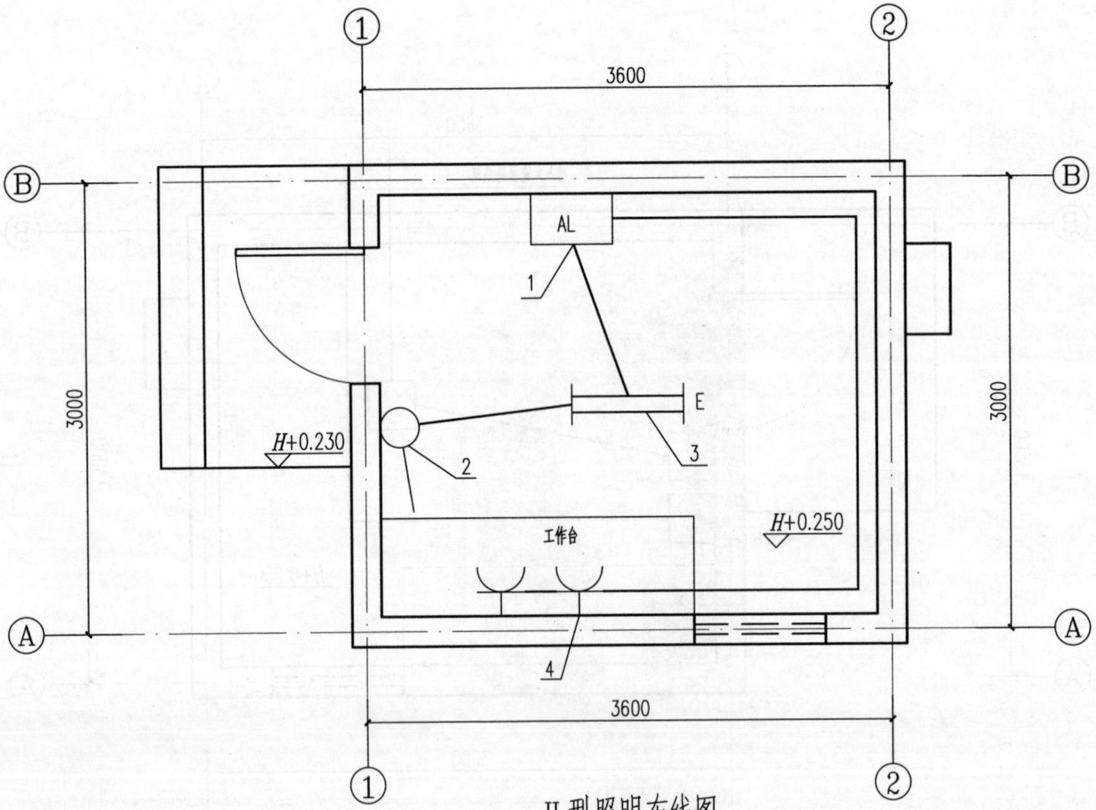

Ⅱ型照明布线图

注：

1. 人民防空警报设施专用房照度值不低于200lx，应急照明照度值不低于一般照明照度值的10%。
2. 照明灯具应自带蓄电池，当检测到断电时强启，持续时间不少于0.5h。

序号	名称	型号及规格	单位	数量	备注
1	照明配电柜	AL	个	1	AL
2	单联单控开关	250V,10A	个	1	
3	高效节能荧光灯	由具体工程设计确定	个	1	E 自带蓄电池
4	插座	250V,16A(二、三孔)	个	2	

Ⅱ型照明布线图						图集号	2020沪J 110
审核	吴道军	校对	朱炯澜	设计	王睿	页码	50

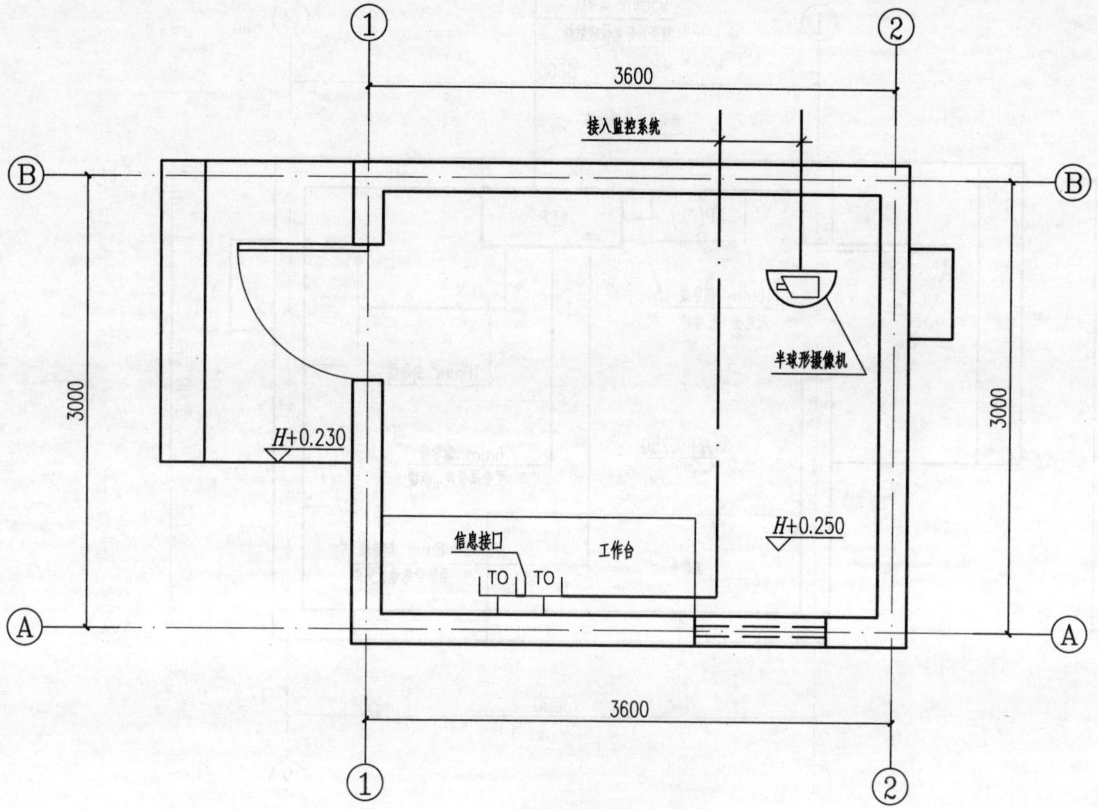

Ⅱ型监控布线图

注：人民防空警报设施专用房远程监控系统应预留2个信息接口，并敷设2回网络线。

Ⅱ型监控布线图								图集号	2020沪J 110
审核	王进		校对	朱炯澜		设计	杨湘骝	页码	51

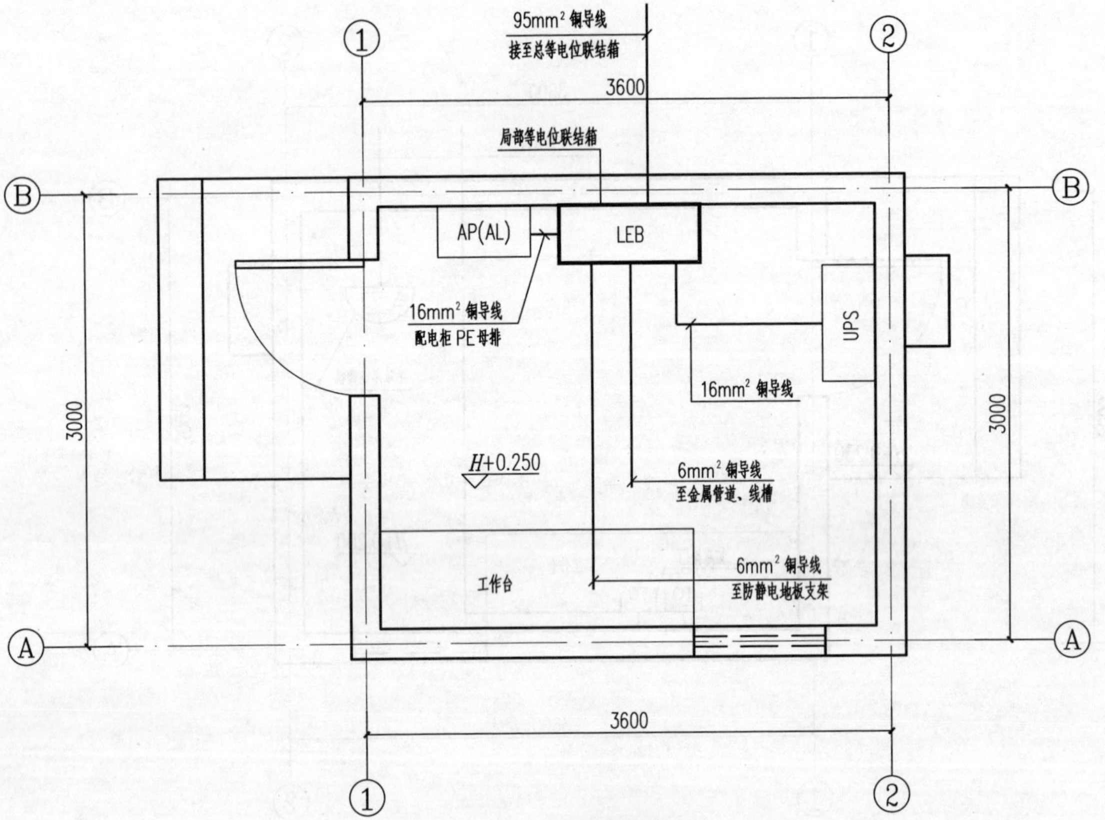

Ⅱ型接地图

注：

1. 本图中各类金属管道、金属线槽、建筑物金属结构与局部等电位联结箱连接，接至总等电位联结箱。
2. 等电位联结线应地面内或墙内穿管暗敷。

Ⅱ型接地图								图集号	2020沪J 110
审核	王进	王进	校对	朱峰	朱峰	设计	韩斐斐	韩斐斐	页码	52

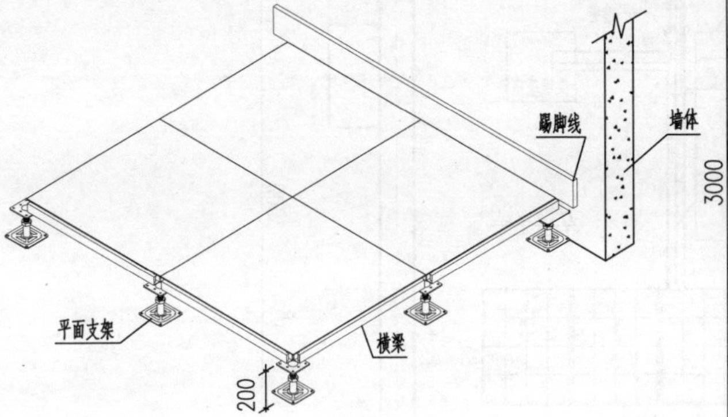

防静电地板安装示意图

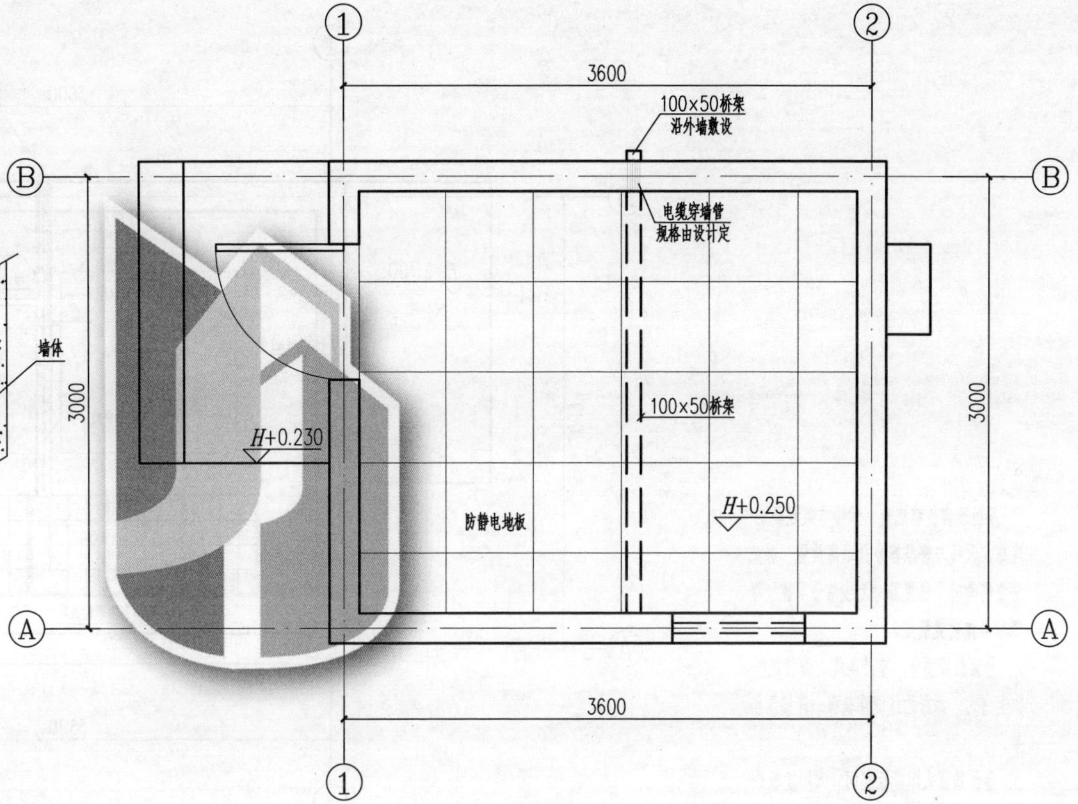

Ⅱ型静电地板平面示意图

注：本图主要表示桥架敷设方案，防静电地板做法由装修单位统一设计。

Ⅱ型防静电地板示意图								图集号	2020沪J 110
审核	陈奕平		校对	陈浩		设计	朱怡	页码	53

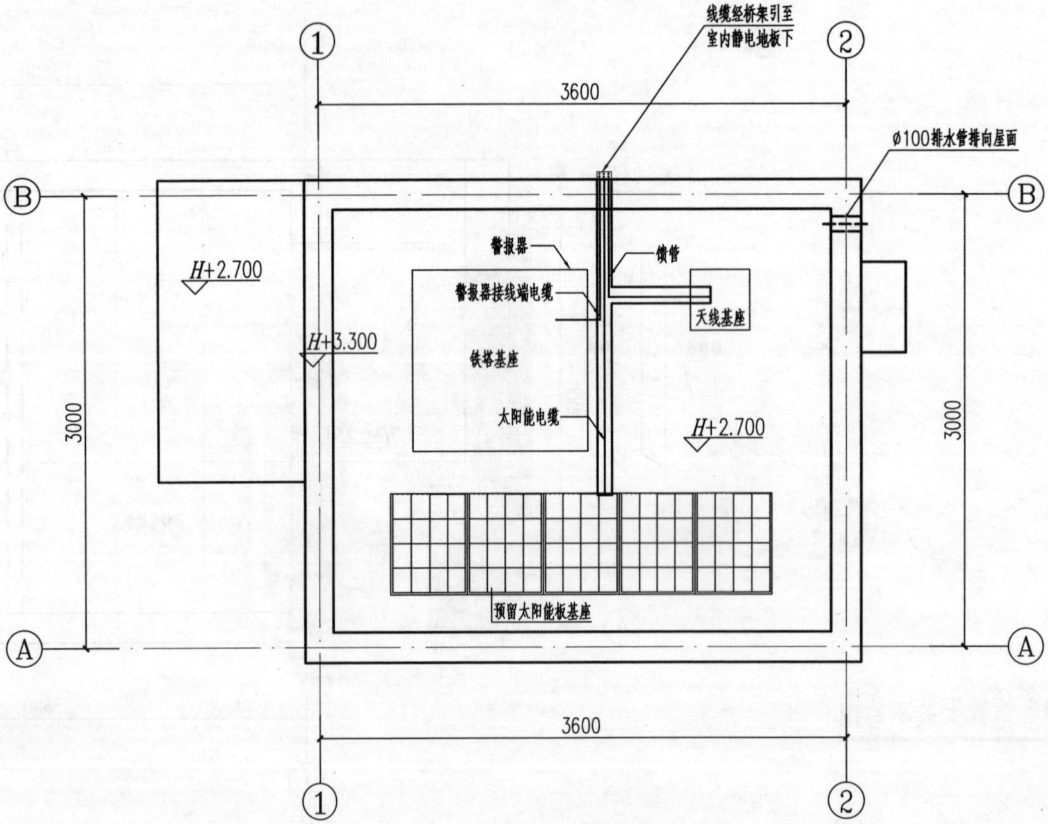

II型屋面布置图

注：

1. 屋面预留铁塔底座、天线支架混凝土底座。天线与警报器分开远离放置，避免警报鸣响时，警报器对无线信号干扰，降低信号接收灵敏度。

2. 屋面敷设桥架，室外电缆、馈管经桥架至室内，裸露的线缆穿软管，连接至桥架。

3. 屋面预留太阳能板空间，太阳能板数量需根据工程情况计算确定。

4. 屋面上的铁塔基座、天线基座、太阳能板基座的金属构件与屋面避雷网通过规格为40mmx4mm的镀锌扁钢可靠连接。

5. 警报器与下部建筑防雷、接地为一个联合接地整体，接地电阻≤1Ω。

II型屋面布置图								图集号	2020沪J 110
审核	王进		校对	朱炯澜		设计	王建新	页 码	54

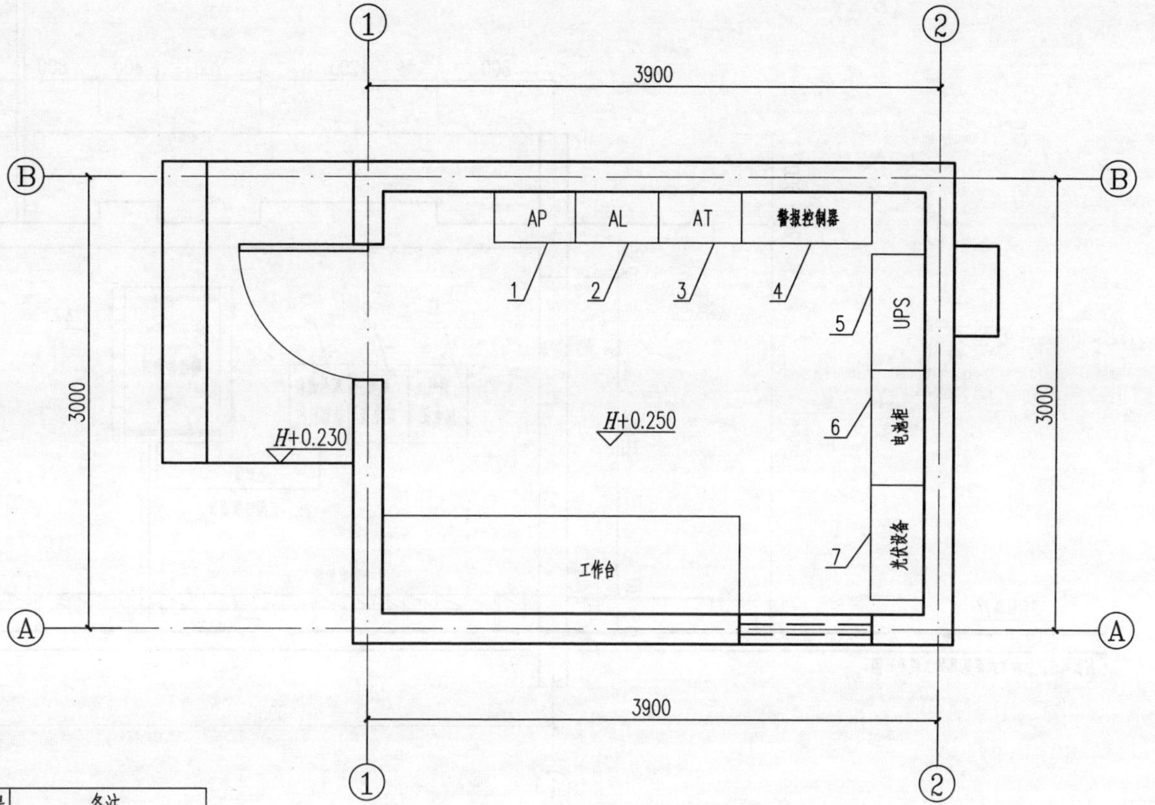

Ⅲ型设备平面布置图

注:

1. 各类配电柜、警报控制器应挂壁安装。
2. UPS配电柜及光伏设备的布置应方便检修和维护。
3. UPS配电柜和电池柜如无法挂壁安装，不得直接放置在防静电地板上，静电地板与主楼屋面板之间应采用C20素混凝土浇筑设备基础。

序号	名称	型号及规格	单位	数量	备注
1	进线配电柜	由具体工程设计确定	个	1	
2	照明配电柜	由具体工程设计确定	个	1	
3	双电源自动切换柜	由具体工程设计确定	个	1	
4	警报控制器	由具体工程设计确定	个	1	
5	UPS配电柜	由具体工程设计确定	个	1	由工程具体负荷确定容量
6	UPS电池柜	由具体工程设计确定	个	1	由UPS容量确定蓄电池数量
7	光伏电站	由具体工程设计确定	个	1	包括光伏控制器、蓄电池、逆变器

Ⅲ型设备平面布置图							图集号	2020沪J 110
审核 吴道军		校对 朱峰		设计 韩斐斐			页码	55

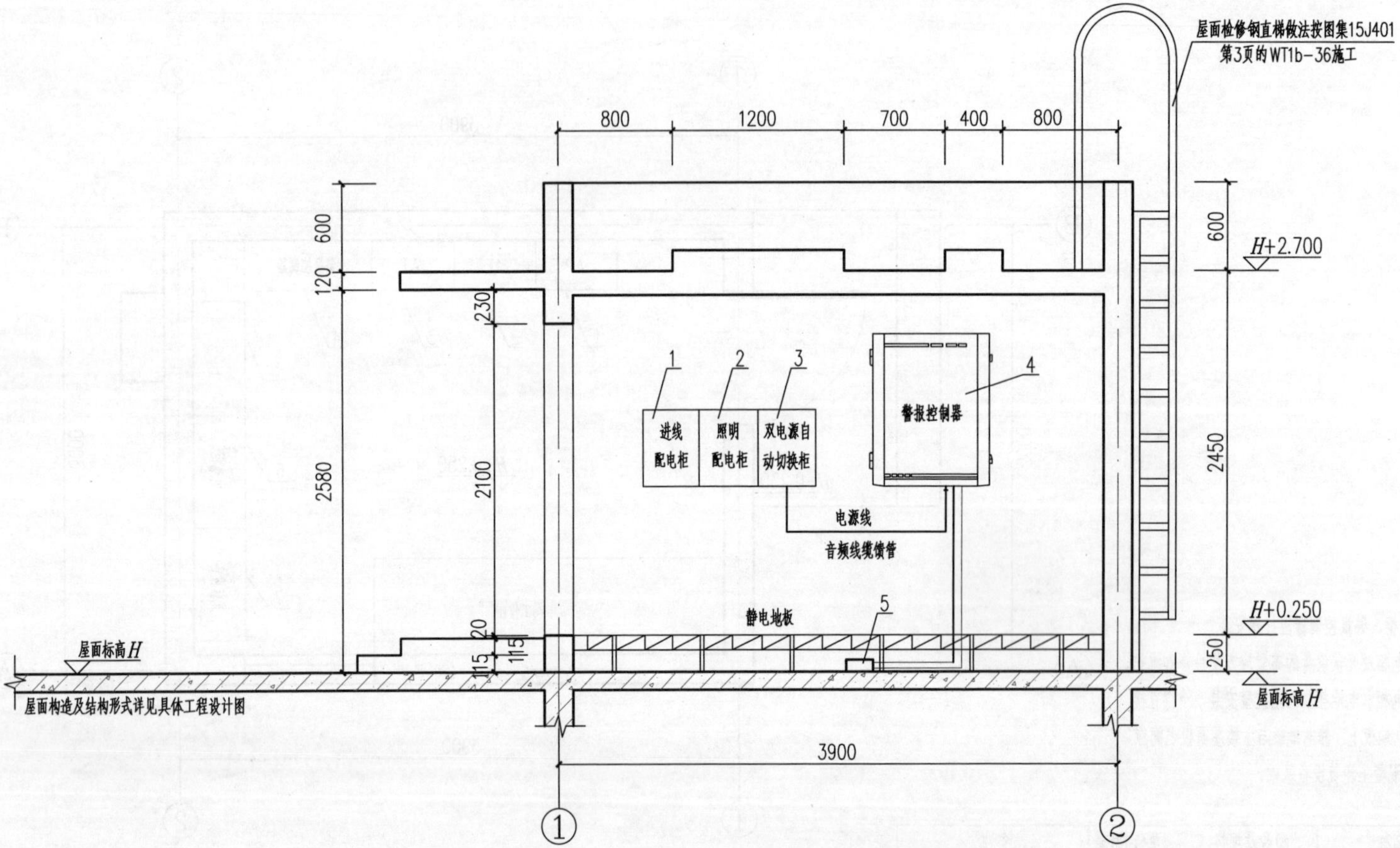

Ⅲ型设备安装侧视图

序号	名称	型号及规格	单位	数量	备注
1	进线配电柜	由具体工程设计确定	个	1	
2	照明配电柜	由具体工程设计确定	个	1	
3	双电源自动切换柜	由具体工程设计确定	个	1	
4	警报控制器	由具体工程设计确定	个	1	
5	金属线槽	由具体工程设计确定	个	1	由工程具体负荷确定容量

Ⅲ型设备安装侧视图								图集号	2020沪J 110
审核	吴道军	[signature]	校对	朱峰	[signature]	设计	王睿	[signature] 页码	56

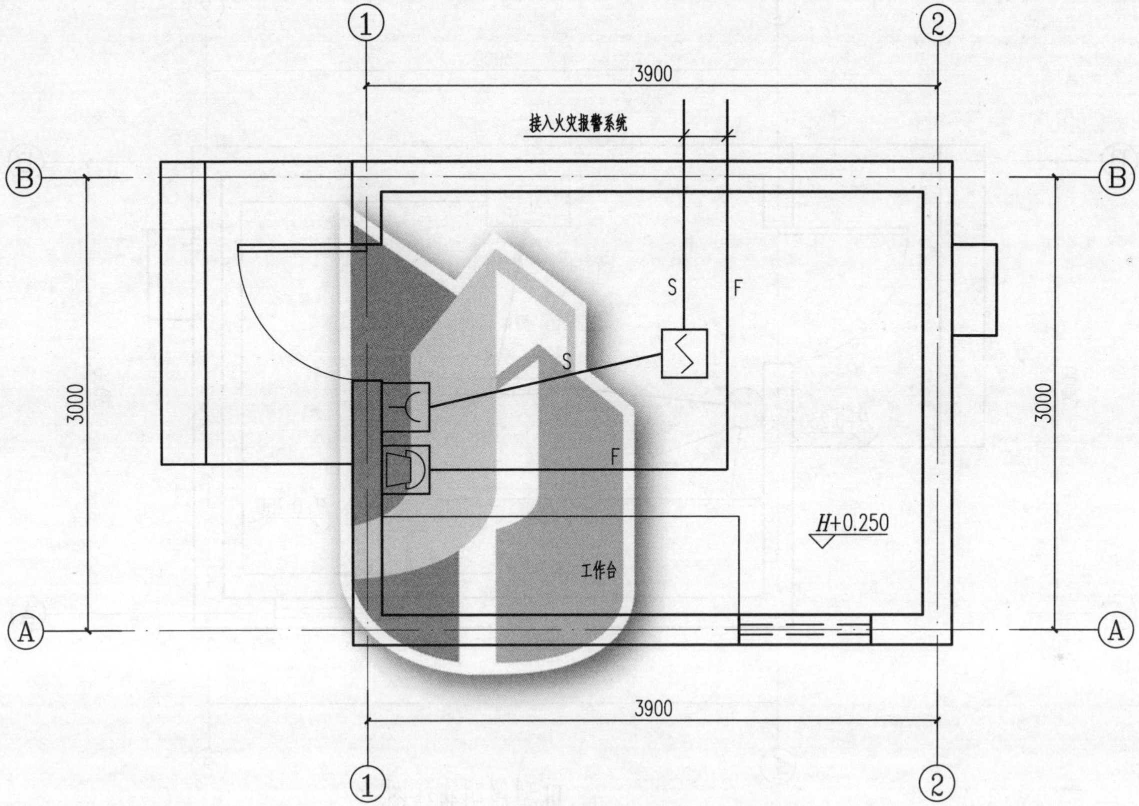

Ⅲ型火灾自动报警布线图

序号	名称	型号及规格	单位	数量	备注
1	短路隔离器	由具体工程设计确定	个	1	SI
2	感烟探测器	光电烟感、地址型	个	1	S 吸顶安装
3	手动火灾报警装置	由具体工程设计确定	个	1	Y
4	消防电话	由具体工程设计确定	个	1	
5	报警总线	阻燃火阻燃耐火电线电缆			S
6	消防专用电话线	阻燃火阻燃耐火电线电缆			F

Ⅲ型火灾自动报警布线图							图集号	2020沪J 110
审核	陈奕平		校对	陈浩		设计	李臻	页码 57

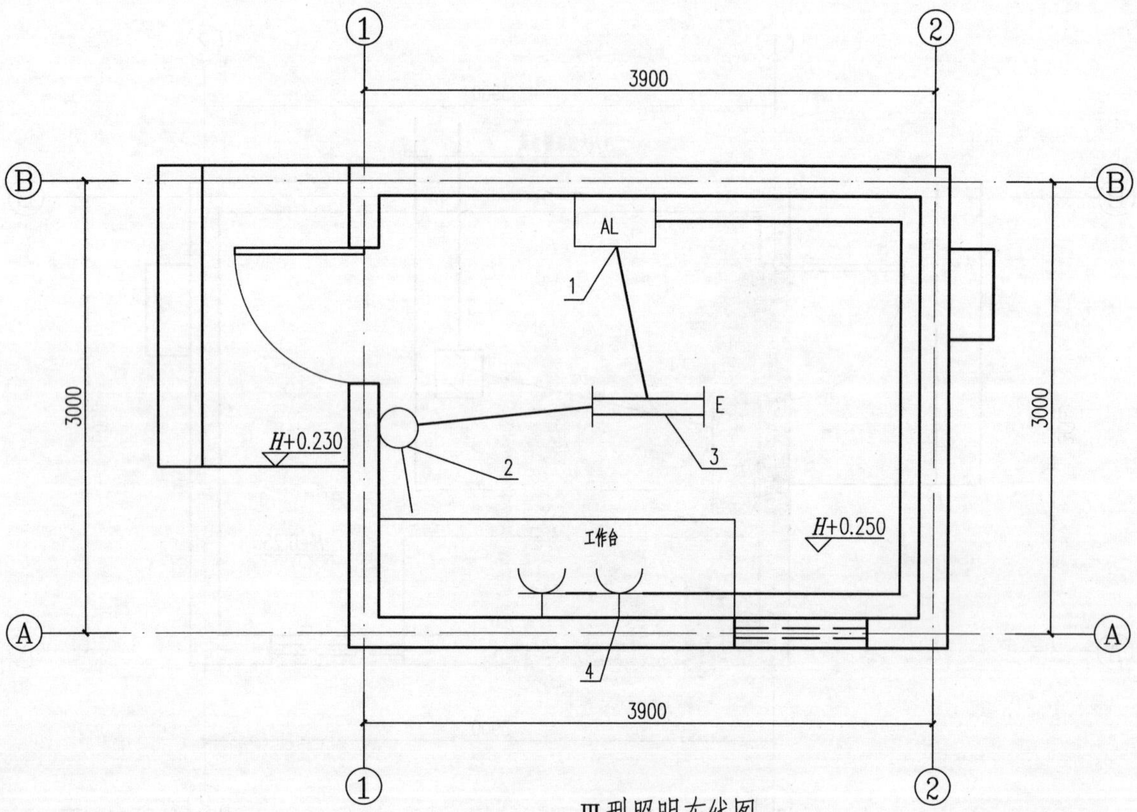

Ⅲ型照明布线图

序号	名称	型号及规格	单位	数量	备注
1	照明配电柜	AL	个	1	AL
2	单联单控开关	250V,10A	个	1	
3	高效节能荧光灯	由具体工程设计确定	个	1	E自带蓄电池
4	插座	250V,16A(二、三孔)	个	2	

注:

1. 人民防空警报设施专用房照度值不低于200lx，应急照明照度值不低于一般照明照度值的10%。
2. 照明灯具应自带蓄电池，当检测到断电时强启，持续时间不少于0.5h。

Ⅲ型照明布线图								图集号	2020沪J 110
审核	吴道军		校对	朱炯澜		设计	王睿	页码	58

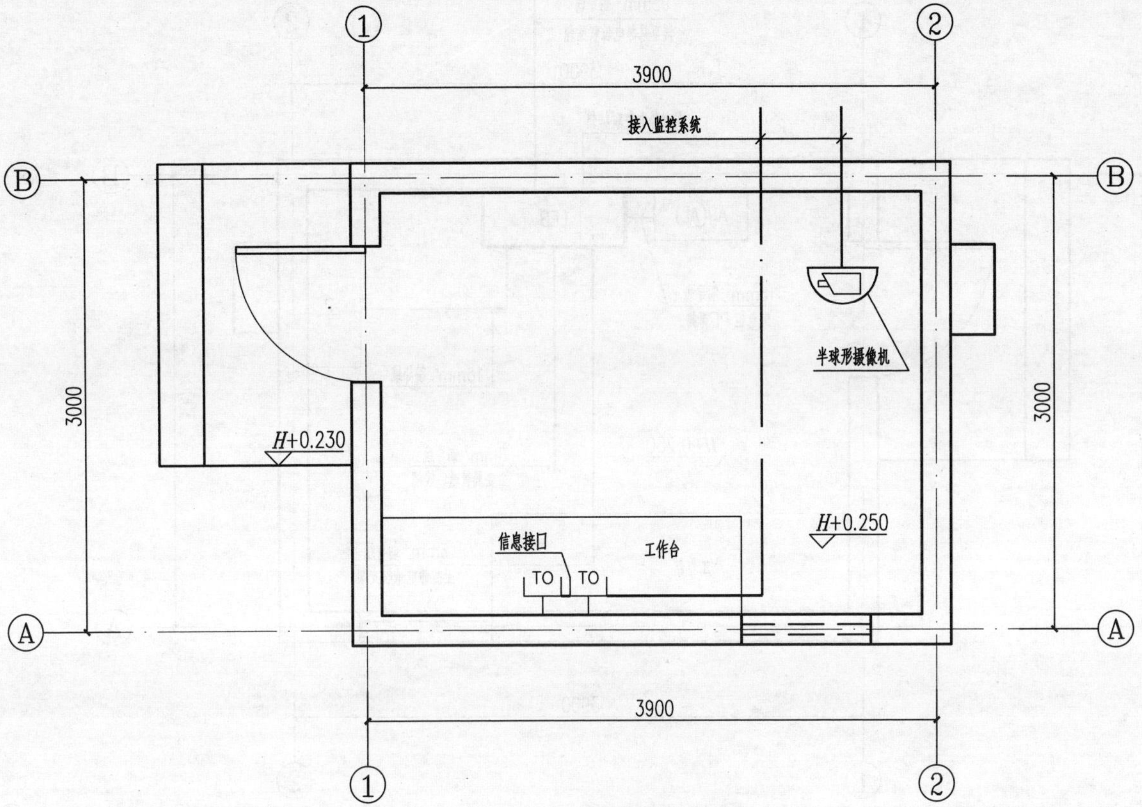

Ⅲ型监控布线图

注：人民防空警报设施专用房远程监控系统应预留2个信息接口，并敷设2回网络线。

Ⅲ型监控布线图							图集号	2020沪J 110
审核	王进		校对	朱炯澜		设计	杨湘骝	页码	59

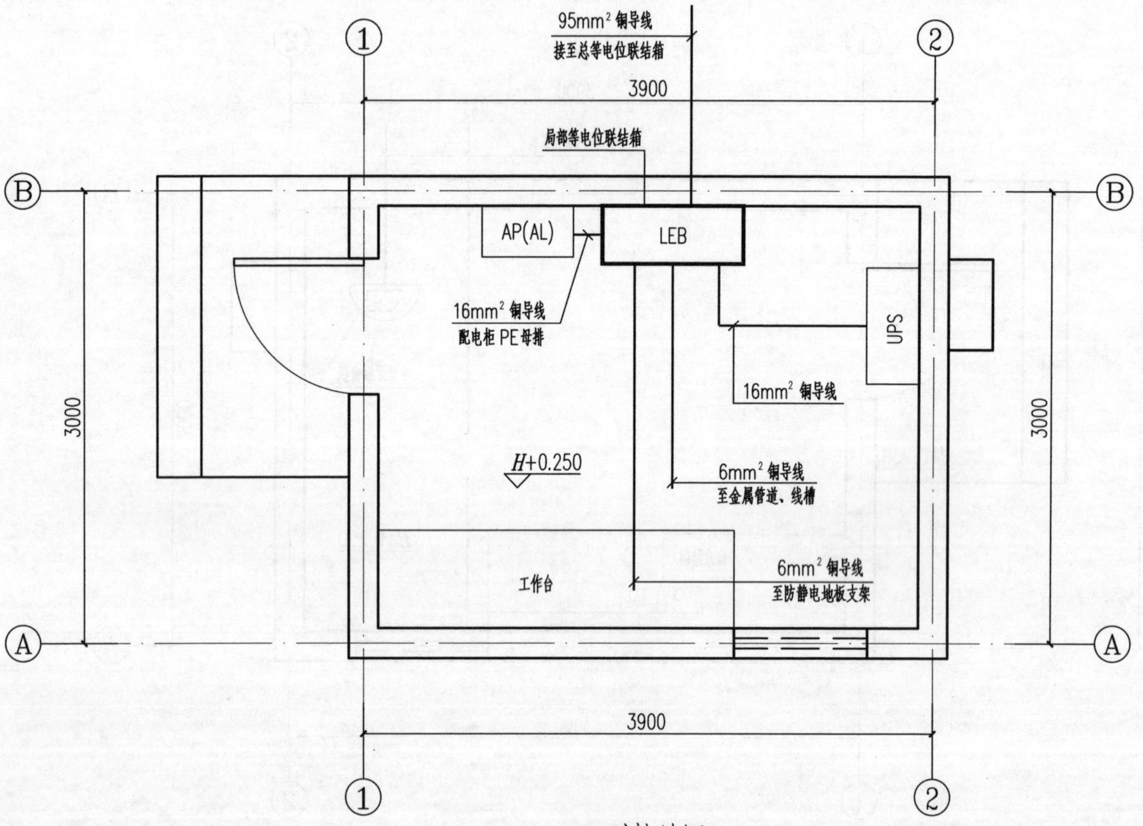

Ⅲ型接地图

注：

1. 本图中各类金属管道、金属线槽、建筑物金属结构与局部等电位联结箱连接，接至总等电位联结箱。
2. 等电位联结线应地面内或墙内穿管暗敷。

Ⅲ型接地图							图集号	2020沪J 110
审核	王进		校对	朱峰		设计	韩斐斐		页码	60

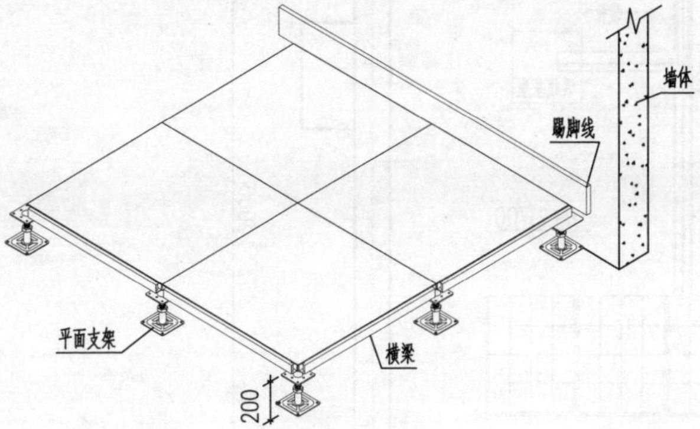

防静电地板安装示意图

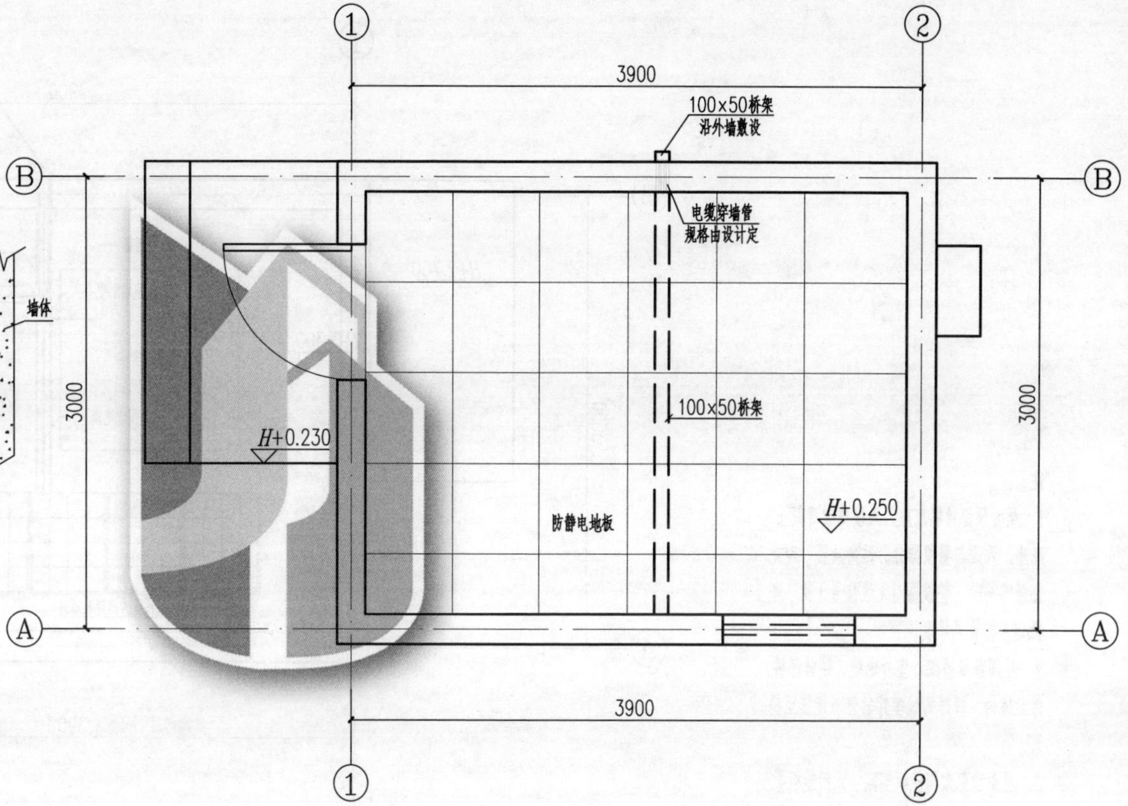

Ⅲ型防静电地板平面示意图

注：本图主要表示桥架敷设方案，防静电地板做法由装修单位统一设计。

Ⅲ型防静电地板示意图								图集号	2020沪J 110
审核	陈奕平	[signature]	校对	陈浩	[signature]	设计	朱怡	页码	61

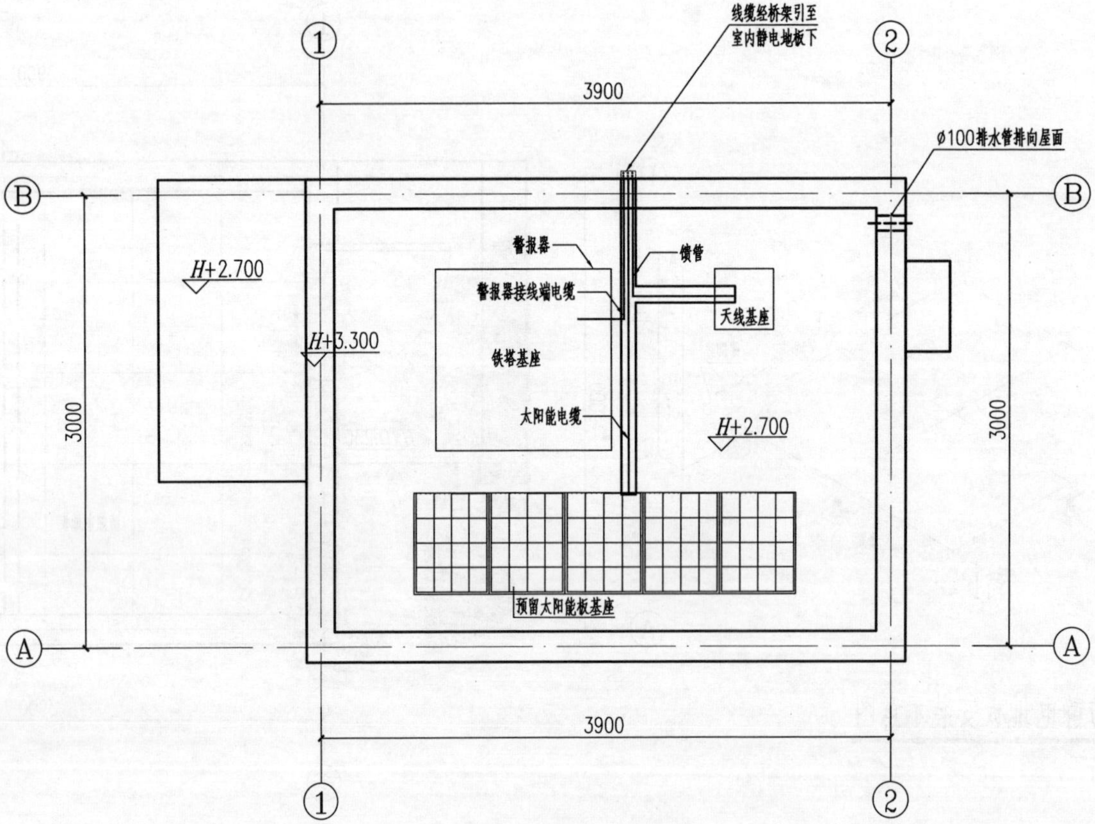

Ⅲ型屋面布置图

注：

1. 屋面预留铁塔底座、天线支架混凝土底座。天线与警报器分开远离放置，避免警报鸣响时，警报器对无线信号干扰，降低信号接收灵敏度。

2. 屋面敷设桥架，室外电缆、馈管经桥架至室内，裸露的线缆穿软管，连接至桥架。

3. 屋面预留太阳能板空间，太阳能板数量需根据工程情况计算确定。

4. 屋面上的铁塔基座、天线基座、太阳能板基座的金属构件与屋面避雷网通过规格为40mmx4mm的镀锌扁钢可靠连接。

5. 警报器与下部建筑防雷、接地为一个联合接地整体，接地电阻≤1Ω。

Ⅲ型屋面布置图							图集号	2020沪J 110
审核	王进		校对	朱炯澜		设计 王建新	页码	62

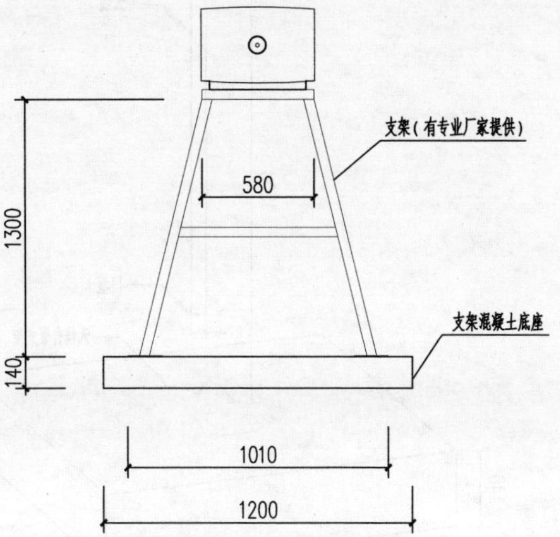

电声警报器支架安装立面图

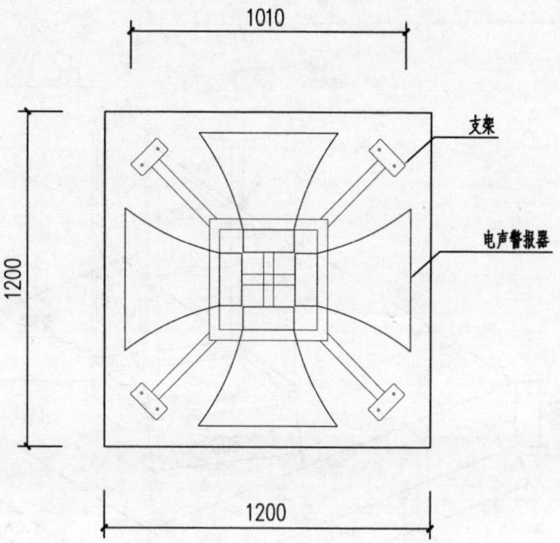

电声警报器支架安装俯视图

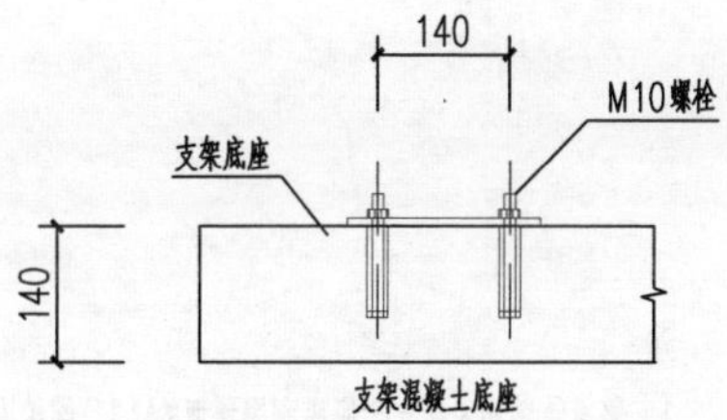

支架底座安装示意图

注：

1. 警报器支架底座利用预埋的M10螺栓固定在混凝土底座上。
2. 电声警报器选型应由专业单位设计。

电声警报器支架安装示意图								图集号	2020沪J 110
审核	吴道军	吴道军	校对	陈浩	陈浩	设计	王建新 王建新	页　码	63

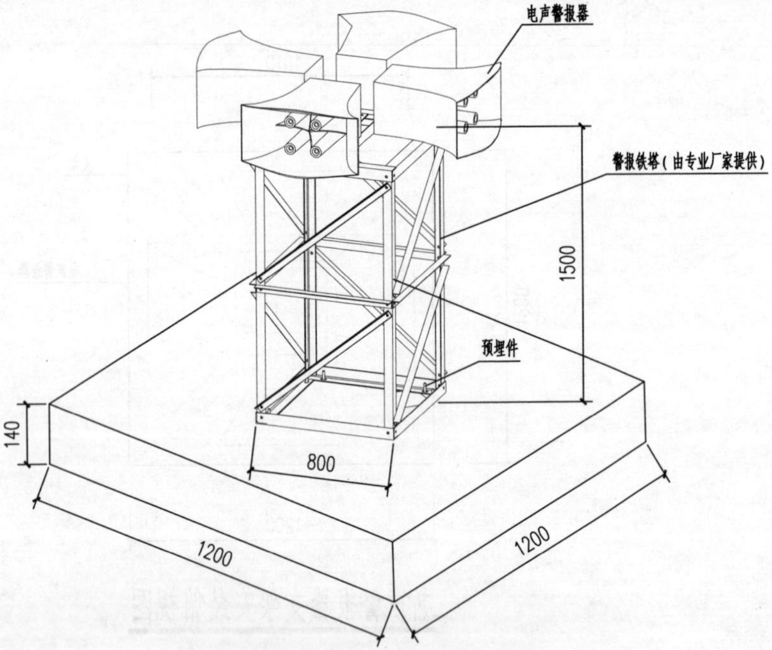

电声警报器安装铁塔安装示意图

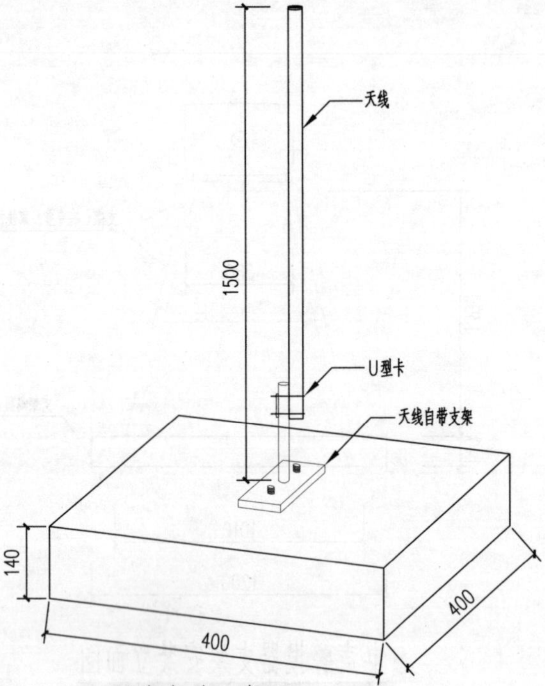

天线安装示意图

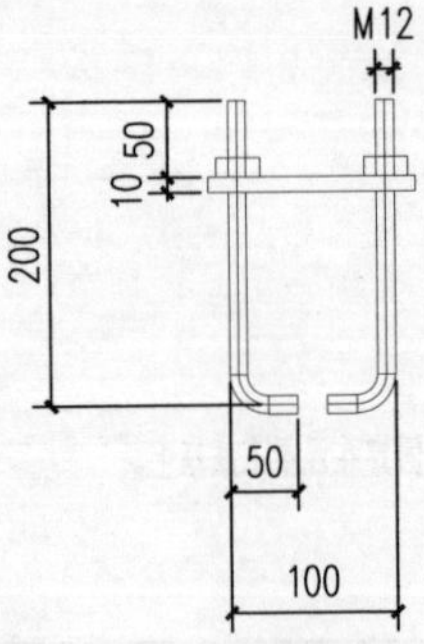

预埋件

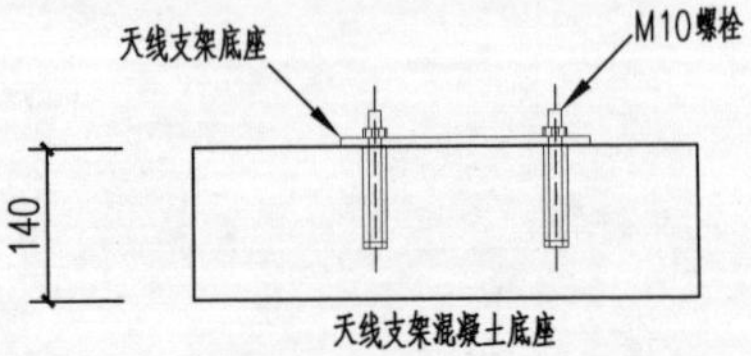

天线支架安装示意图

注：

1. 警报铁塔和天线支架底座利用预埋的M10螺栓固定在混凝土底座上。
2. 电声警报器选型应由专业单位设计。
3. 天线选型应由专业单位设计。

电声警报器安装铁塔安装示意图、天线安装示意图								图集号	2020沪J 110
审核	王进		校对	陈浩		设计	韩斐斐	页 码	64

第2部分：

装配式钢框架结构人民防空警报设施专用房

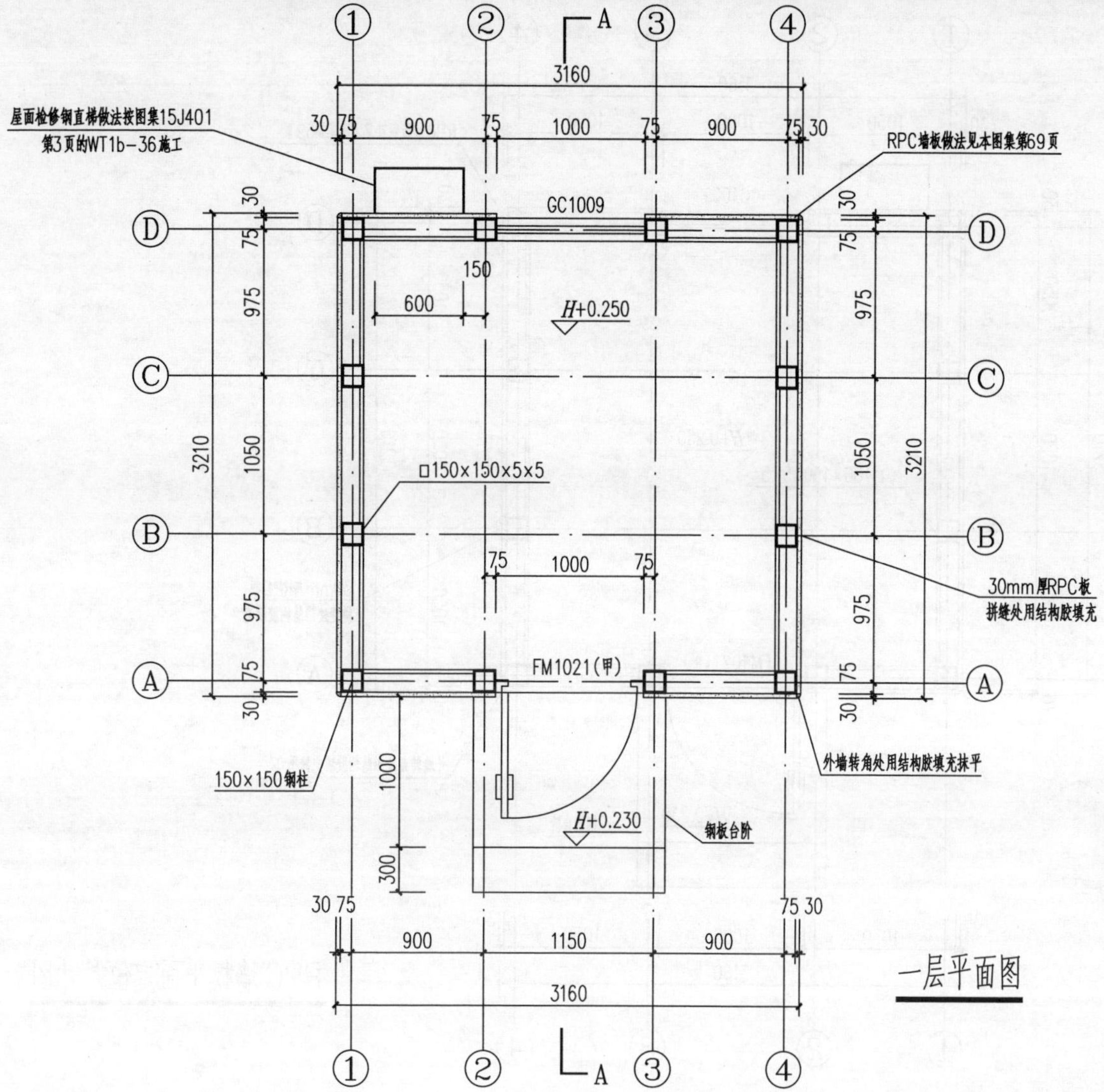

一层平面图

门窗表

种类	型号	尺寸
钢制防火门	FM1021(甲)	1000×2100
铝合金防雨百叶窗(高窗)	GC1009	1000×900

注:

1. 位于屋顶的报警铁塔钢结构基座需与钢柱、钢梁焊接进行稳固。
2. 位于侧墙的钢爬梯需与钢柱焊接进行稳固。
3. RPC板的厚度为30mm，具体大小详见板件尺寸表，为工厂成品。
4. H为既有建筑屋面建筑标高。

一层平面图						图集号	2020沪J 110
审核	王芳	校对	朱明亮	设计	张丽	页码	67

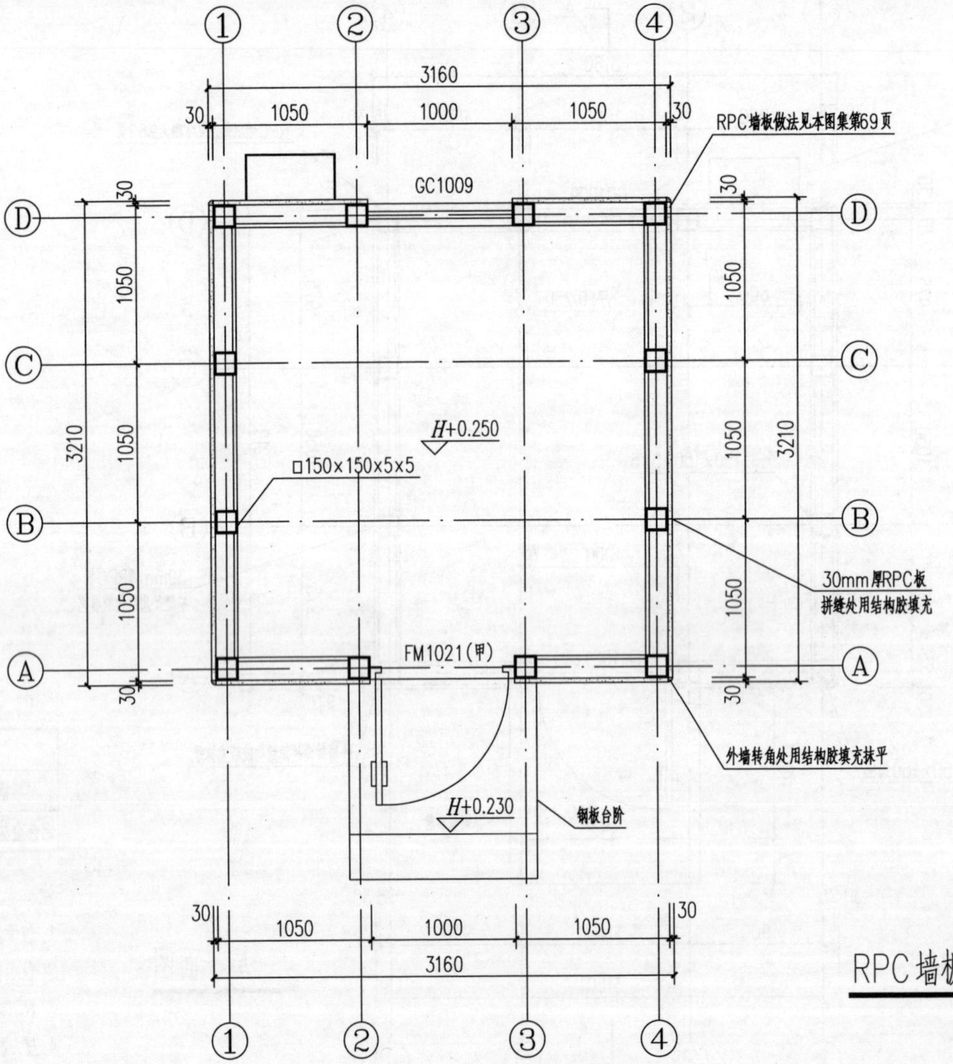

RPC墙板平面定位尺寸图

注:

1. RPC板的厚度为30mm，具体大小详见板件尺寸表，为工厂成品。
2. H为既有建筑屋面建筑标高。

RPC墙板平面定位尺寸图								图集号	2020沪J 110
审核	王芳		校对	朱明亮		设计	张丽	页 码	68

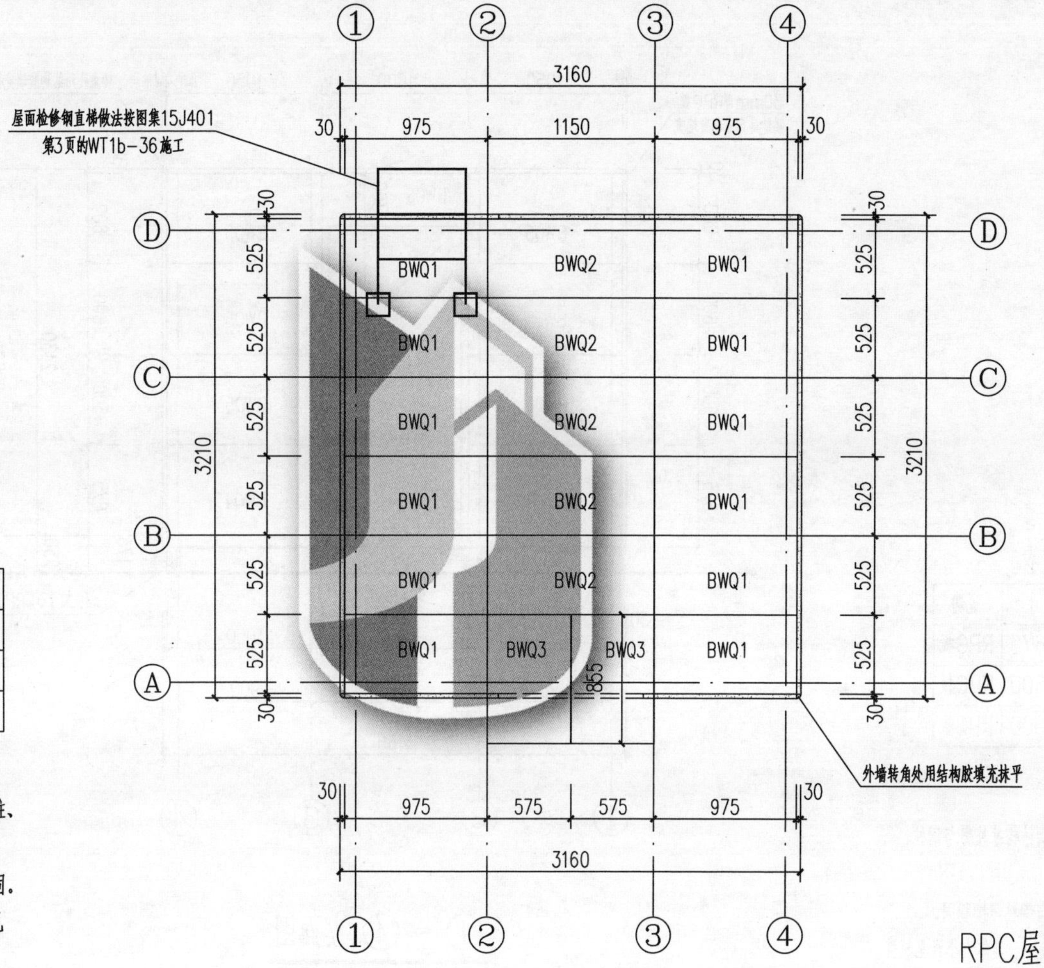

板件尺寸表

板件编号	板件尺寸	说明
BWQ1	975x525	RPC板
BWQ2	1150x525	RPC板
BWQ3	855x575	RPC板

注:

1. 位于屋顶的报警铁塔钢结构基座需与钢柱、钢梁焊接进行稳固。
2. 位于侧墙的钢爬梯需与钢柱焊接进行稳固。
3. RPC板的厚度为30mm，具体大小详见板件尺寸表，为工厂成品。
4. *H*为既有建筑屋面建筑标高。
5. RPC板材拼接缝隙用结构胶嵌缝，板材外涂防水涂料。

RPC屋顶平面布置图

RPC屋顶平面布置图								图集号	2020沪J 110
审核	王芳	[签名]	校对	朱明亮	[签名]	设计	张丽	[签名] 页码	69

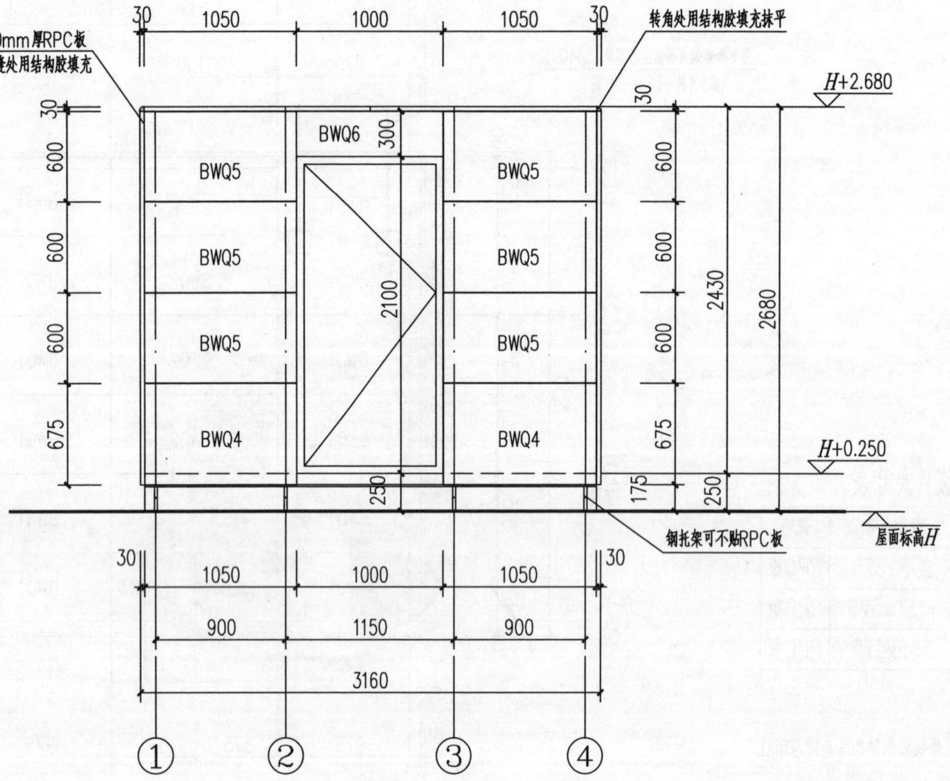

①—④ 立面图

板件尺寸表

板件编号	板件尺寸	说明
BWQ4	1050×675	RPC板
BWQ5	1050×600	RPC板
BWQ6	1000×300	RPC板

注：

1. 位于屋顶的报警铁塔钢结构基座需与钢柱、钢梁焊接稳固。
2. 位于侧墙的钢爬梯需与钢柱焊接稳固。
3. RPC板的厚度为30mm，具体大小详见板件尺寸表，为工厂成品。
4. *H*为既有建筑屋面建筑标高。
5. RPC板材拼接缝隙用结构胶嵌缝，板材外涂防水涂料。

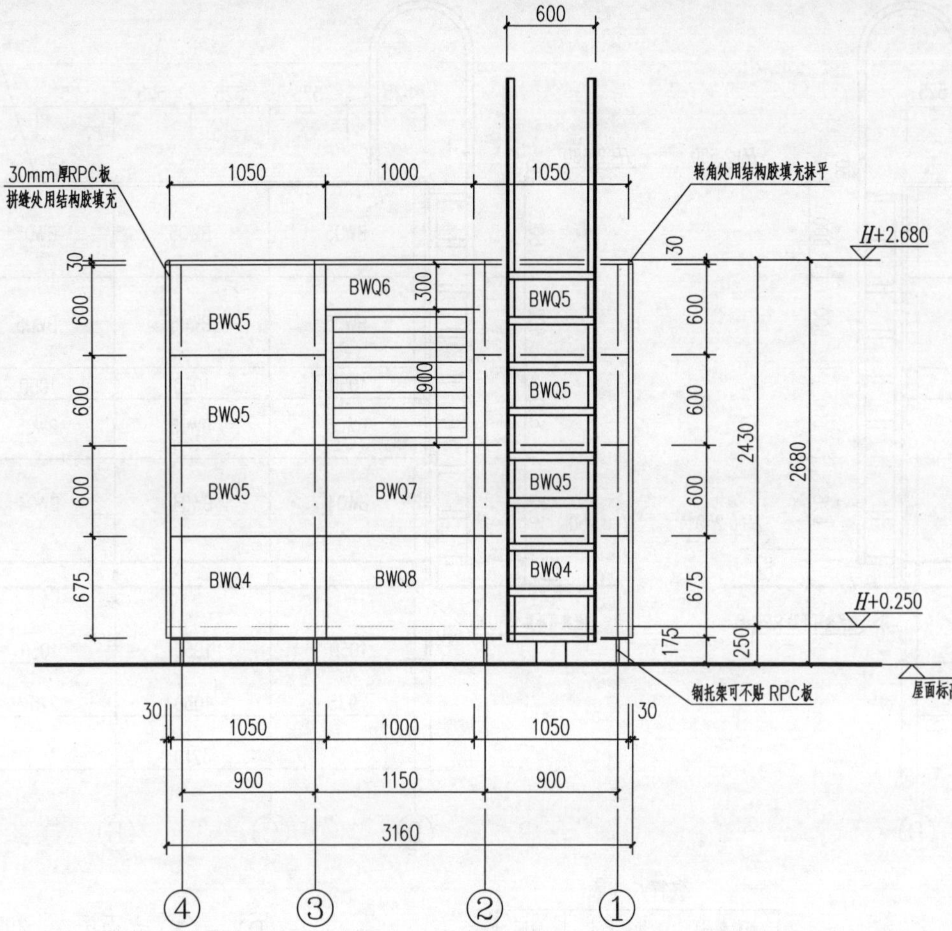

④—① 立面图

板件尺寸表

板件编号	板件尺寸	说明
BWQ4	1050×675	RPC板
BWQ5	1050×600	RPC板
BWQ6	1000×300	RPC板
BWQ7	1000×600	RPC板
BWQ8	1000×675	RPC板

注:

1. 位于屋顶的报警铁塔钢结构基座需与钢柱、钢梁焊接稳固.
2. 位于侧墙的钢爬梯需与钢柱焊接稳固.
3. RPC板的厚度为30mm，具体大小详见板件尺寸表，为工厂成品.
4. H为既有建筑屋面建筑标高.
5. RPC板材拼接缝隙用结构胶嵌缝，板材外涂防水涂料.

④—① 立面图								图集号	2020沪J 110
审核	王芳		校对	朱明亮		设计	张丽	页码	71

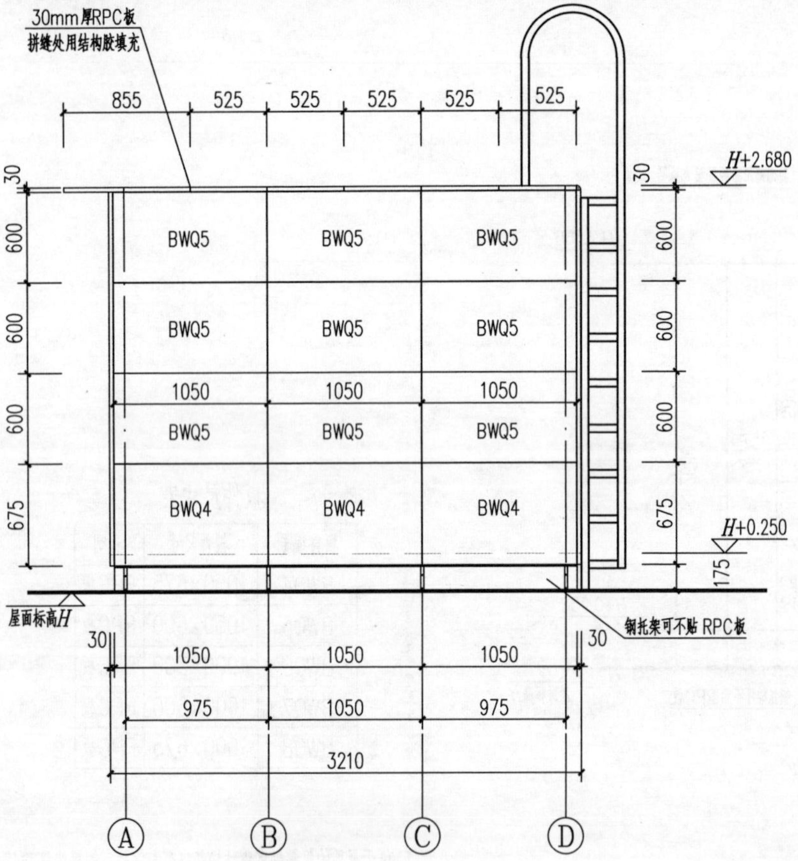

Ⓐ—Ⓓ 立面图

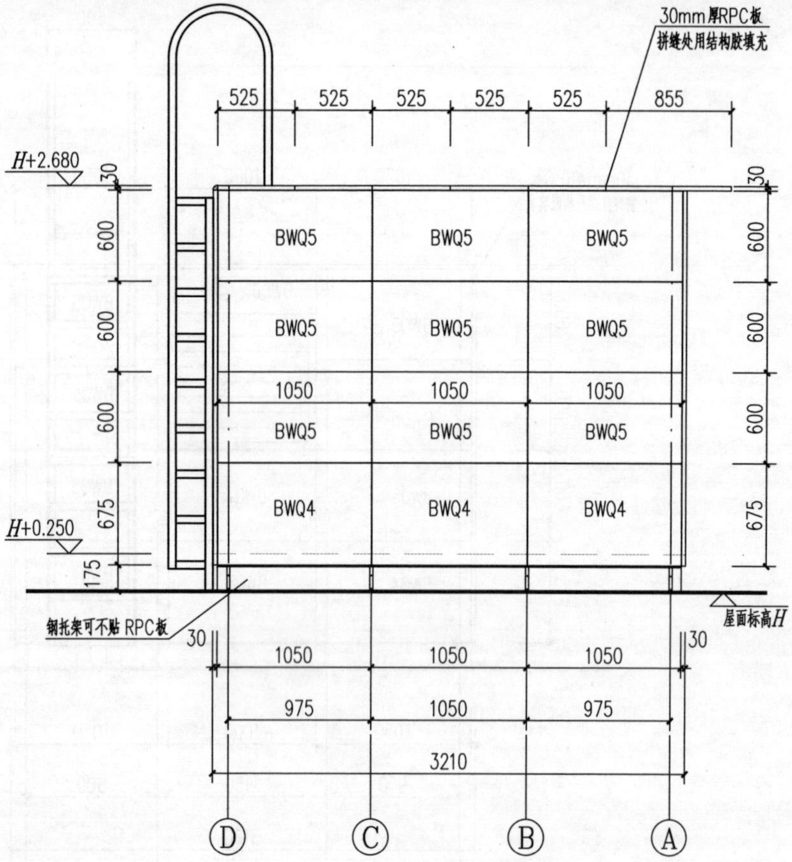

Ⓓ—Ⓐ 立面图

板件尺寸表

板件编号	板件尺寸	说明
BWQ4	1050×675	RPC板
BWQ5	1050×600	RPC板

注:

1. RPC板的厚度为30mm，具体大小详见板件尺寸表，为工厂成品。
2. H为既有建筑屋面建筑标高。
3. RPC板材拼接缝隙用结构胶嵌缝，板材外涂防水涂料。

Ⓐ—Ⓓ，Ⓓ—Ⓐ 立面图							图集号	2020沪J 110
审核	王芳	（签名）	校对	朱明亮	（签名）	设计	张丽	（签名）

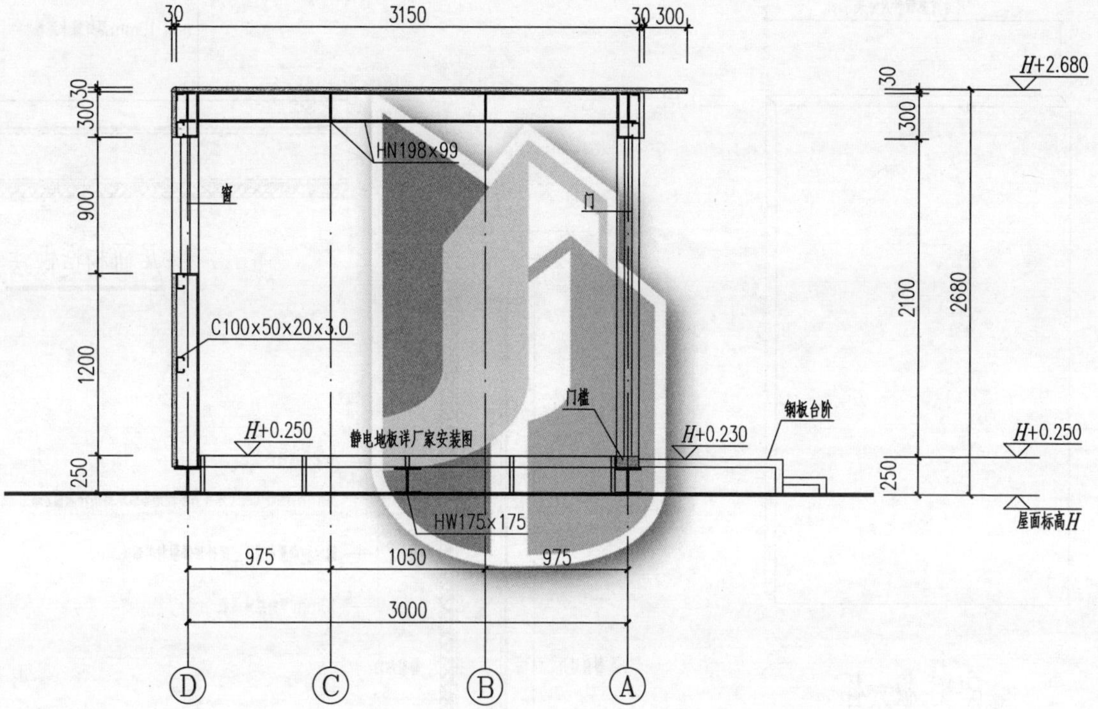

A-A 剖面图

A-A剖面图								图集号	2020沪J 110
审核	王芳	王芳	校对	朱明亮	朱明亮	设计	张丽	页 码	73

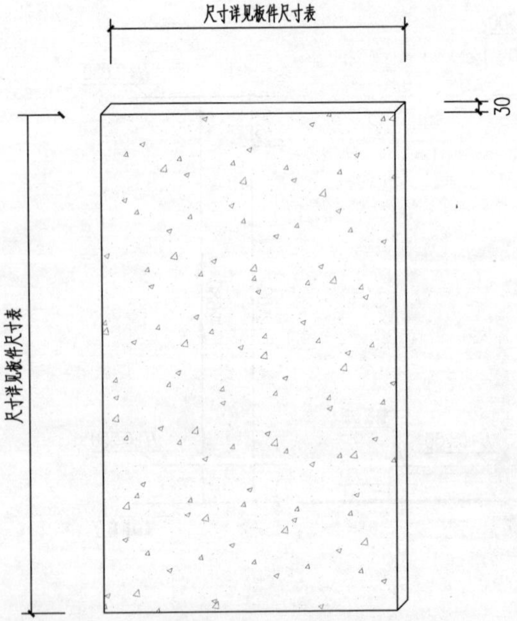

RPC 板大样

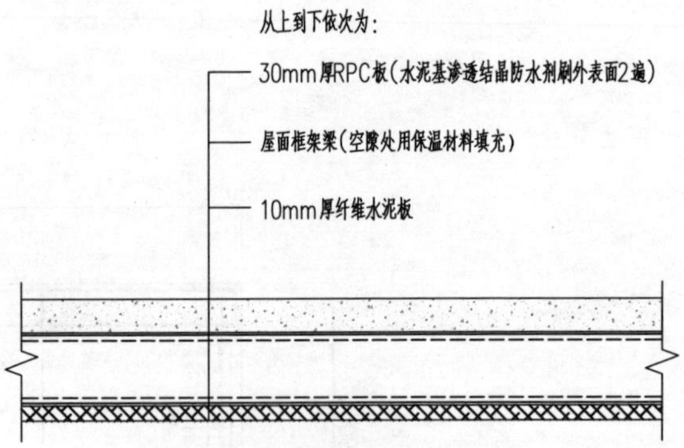

屋面构造做法

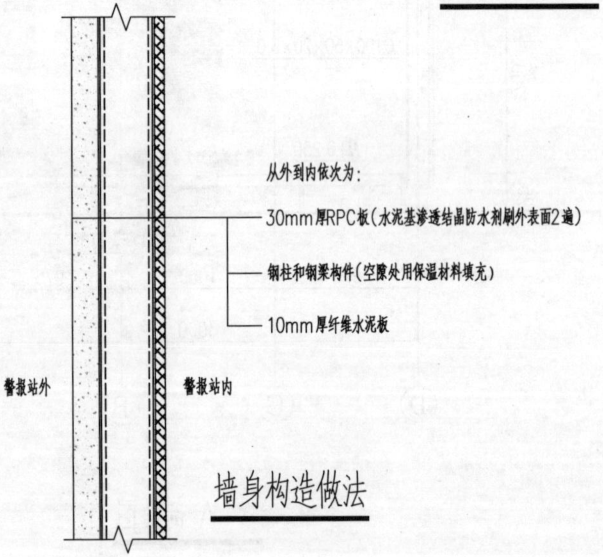

墙身构造做法

注：RPC板的尺寸见本图集第69~72页中板件尺寸表。

RPC屋面和外墙构造详图								图集号	2020沪J 110
审核	陈力新	陈力新	校对	段吉祥	段吉祥	设计	王睿	页 码	74

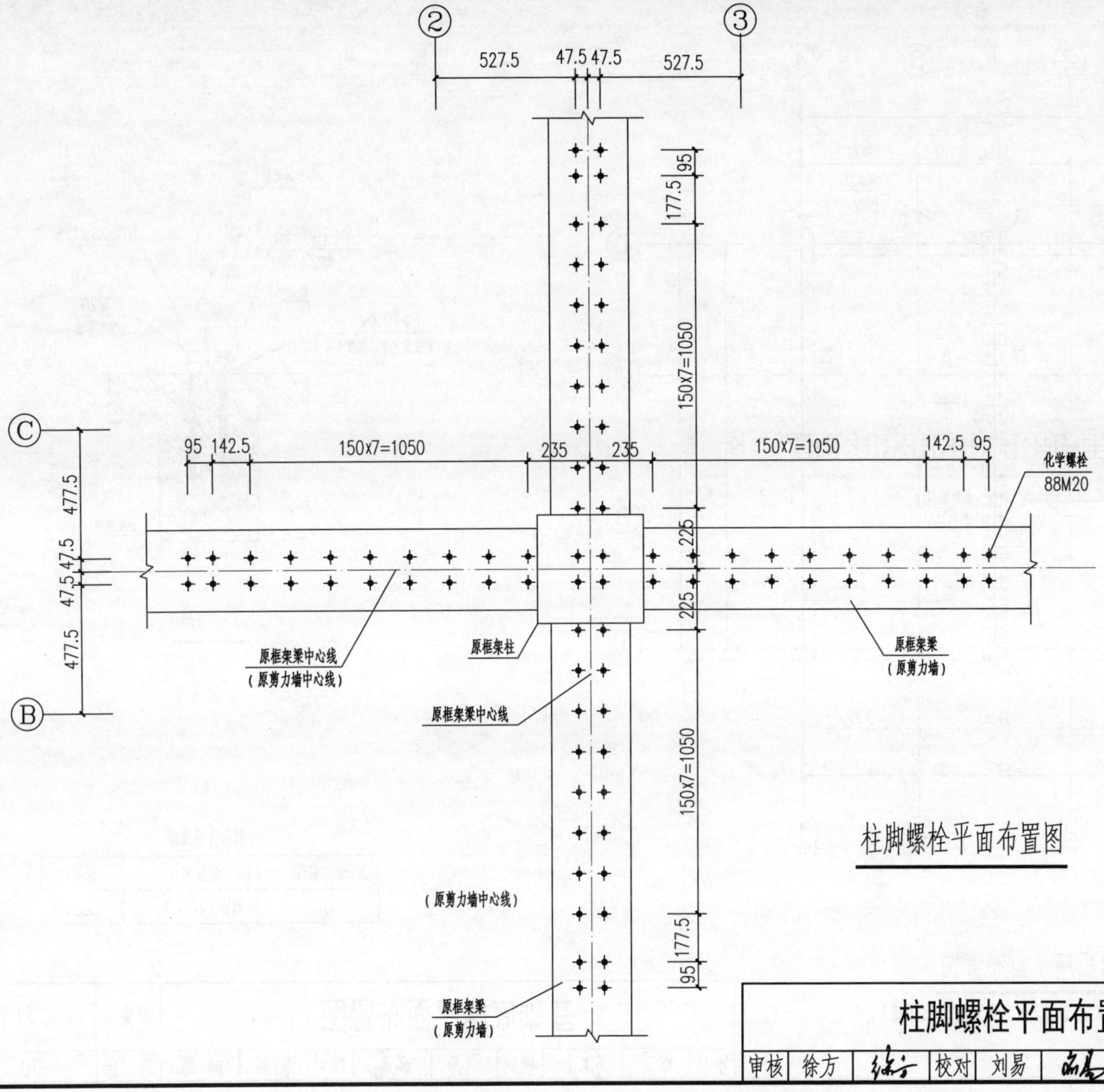

柱脚螺栓平面布置图

注：装配式钢框架结构人民防空警报设施专用房可参照本图选址，选址方法如下：

1. 警报设施专用房的钢结构基础底座必须采用化学锚栓与既有建筑的屋面梁或墙柱连接。
2. 需放置装配式钢框架结构人民防空警报设施专用房的屋面结构布置必须如本布置图所示，具备十字形承载受力结构体系节点。
3. 柱脚螺栓定位前应准确放样原框架梁（或剪力墙）中心线，再根据中心线确定柱脚螺栓的位置。
4. 埋设化学螺栓需按现行国家及行业规范进行施工，定位必须准确，化学螺栓与原结构连接必须可靠，埋置深度和用材必须符合设计要求。
5. 埋设化学螺栓之前，需要将人民防空警报设施专用房区域的屋面防水层、保温层凿除，露出结构层，并清洗基面。
6. 人民防空警报设施专用房施工完毕后，需对既有建筑已破坏的屋面防水层和保温层进行修缮，不得影响既有建筑的使用功能。

柱脚螺栓平面布置图									图集号	2020沪J 110
审核	徐方	[签名]	校对	刘易	[签名]	设计	刘招	[签名]	页码	75

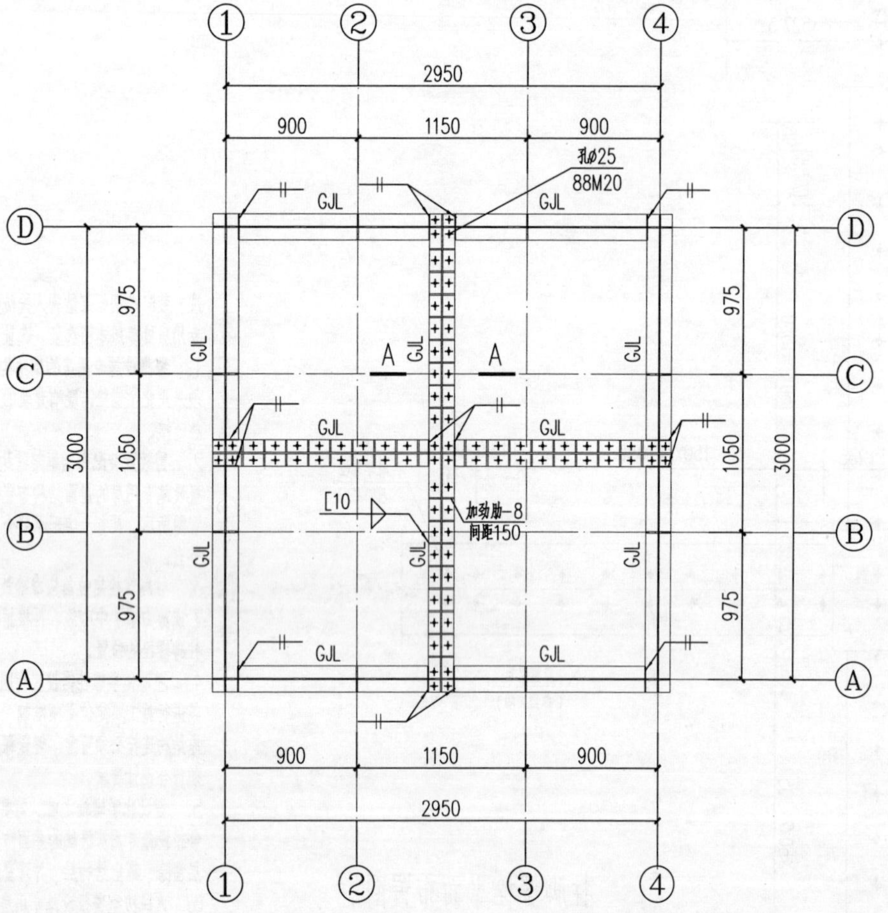

基础底座平面布置图

（基础底座顶面标高H+0.175 ，H为大楼屋面标高）

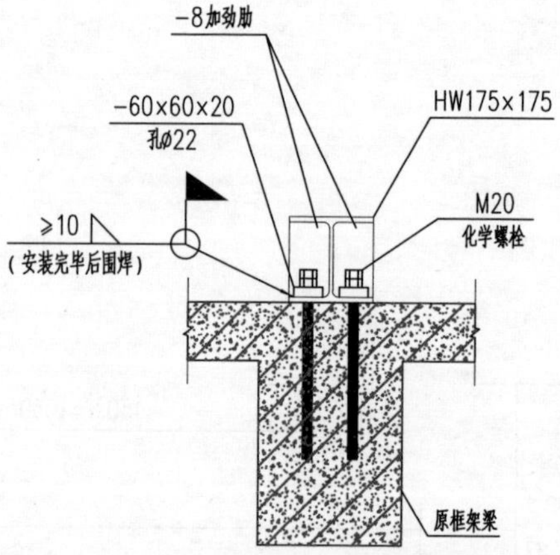

A—A

钢构件截面表

构件编号	截面尺寸	说明
GJL	HW175×175	Q235B

基础底座平面布置图									图集号	2020沪J 110
审核	徐方	徐方	校对	刘易	刘易	设计	刘招	刘招	页　码	76

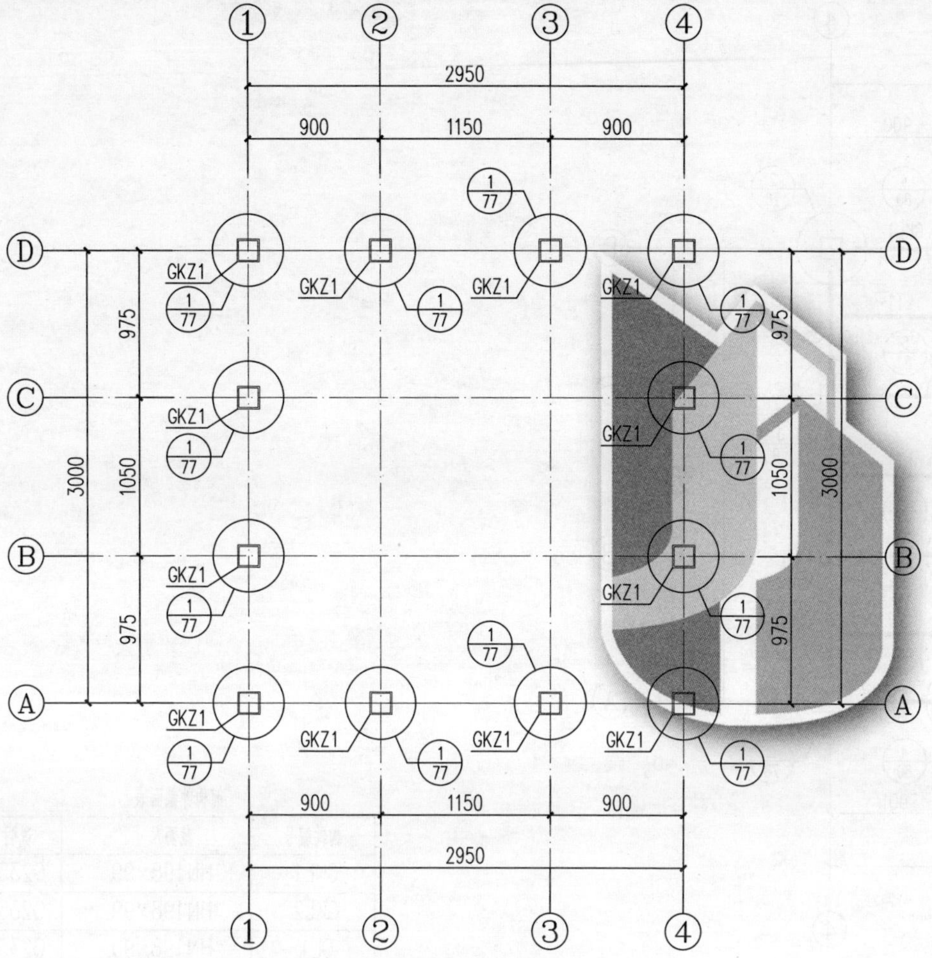

钢构件截面表

构件编号	截面尺寸	说明
GKZ1	□150×150×5×5	Q235B

柱平面结构布置图

（柱顶标高H+2.650，H为大楼屋面标高）

柱平面结构布置图								图集号	2020沪J 110
审核	徐方	徐方	校对	刘易	刘易	设计	刘招	页码	77

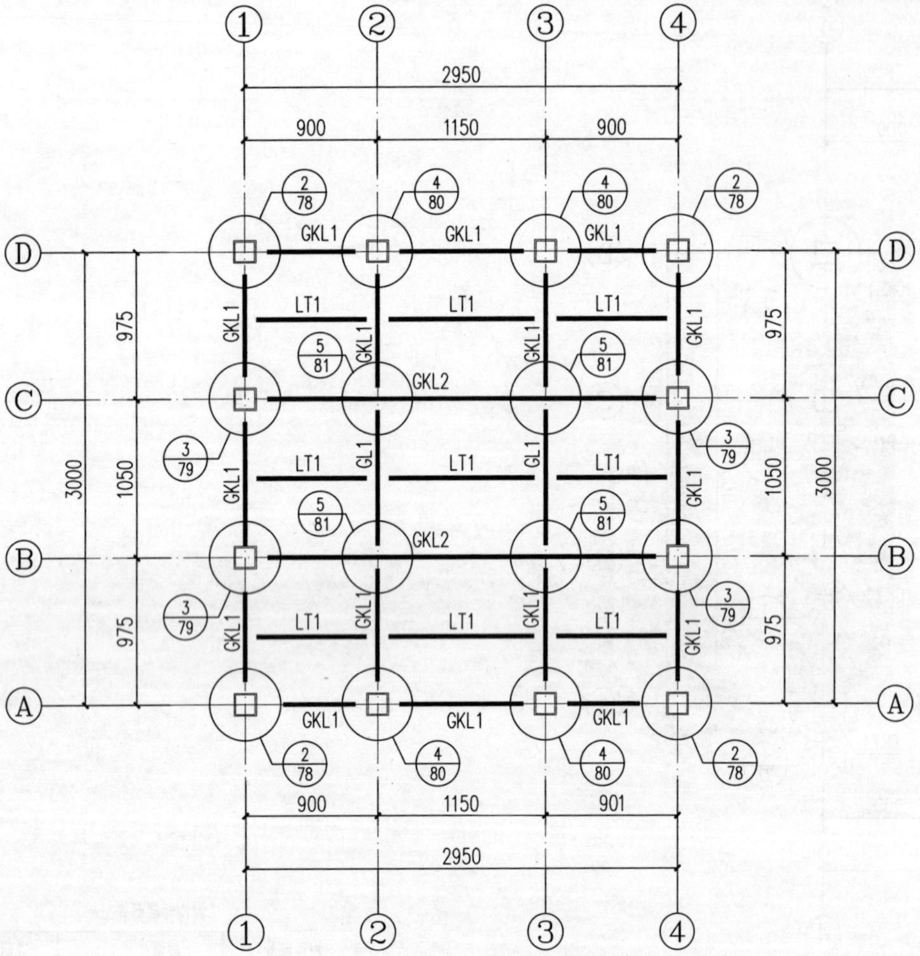

屋顶平面结构布置图

（梁顶标高H+2.650，H为大楼屋面标高）

钢构件截面表

构件编号	截面尺寸	说明
GKL1	HN198×99	Q235B
GKL2	HN198×99	Q235B
GL1	HN198×99	Q235B
LT1	C100×50×20×3.0	Q235B

屋顶平面结构布置图									图集号	2020沪J 110
审核	徐方	[signature]	校对	刘易	[signature]	设计	刘招	[signature]	页码	78

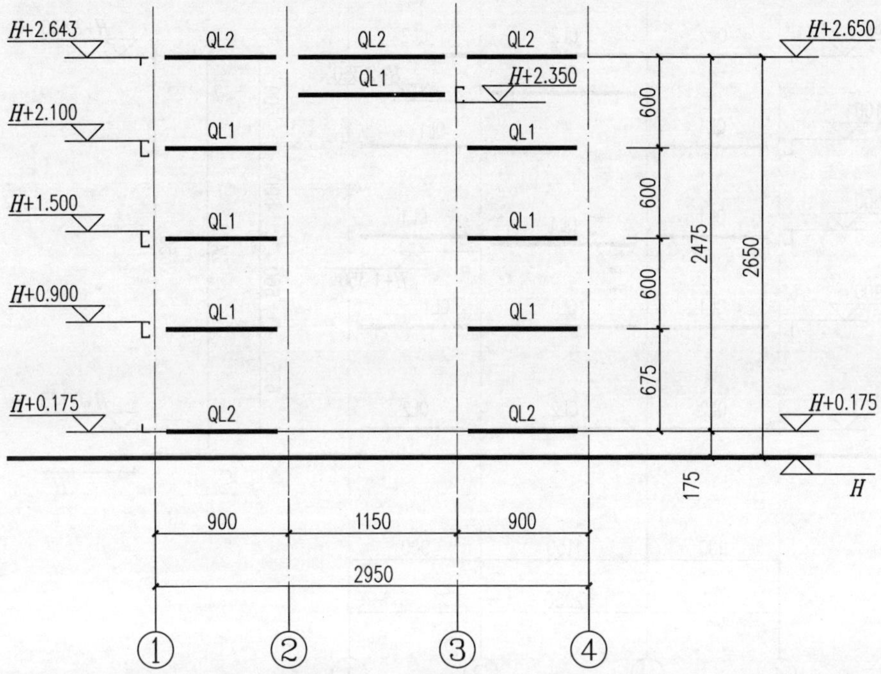

①－④ 轴墙梁布置图

钢构件截面表

构件编号	截面尺寸	说明
QL1	C100×50×20×3.0	Q235B
QL2	L50×4.0	Q235B

①－④ 轴墙梁布置图								图集号	2020沪J 110
审核	徐方	徐方	校对	刘易	刘易	设计	刘招	刘招	页 码	79

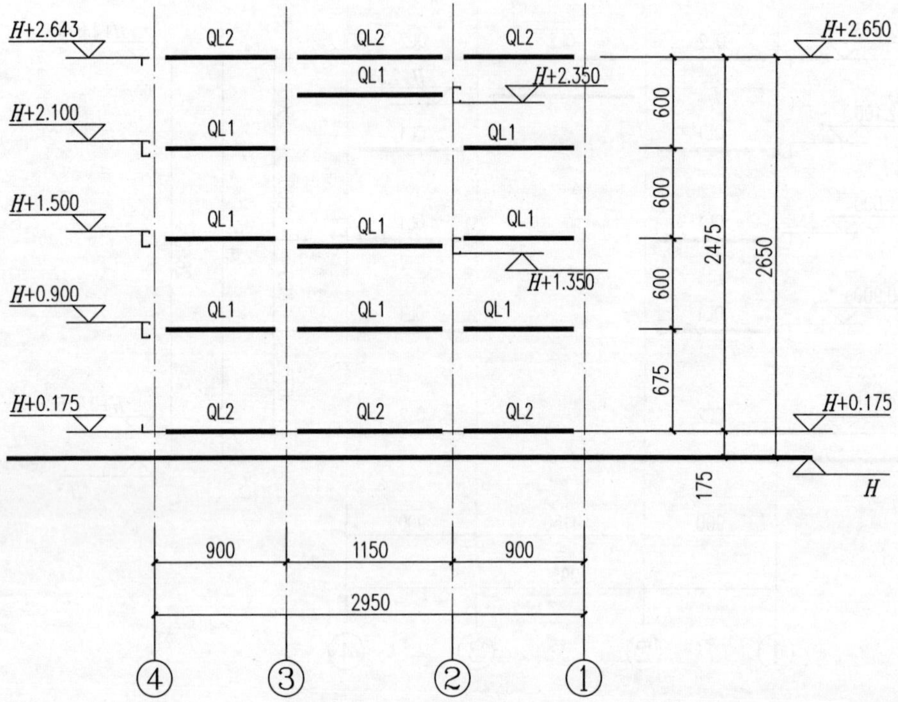

④－① 轴墙梁布置图

钢构件截面表

构件编号	截面尺寸	说明
QL1	C100×50×20×3.0	Q235B
QL2	L50×4.0	Q235B

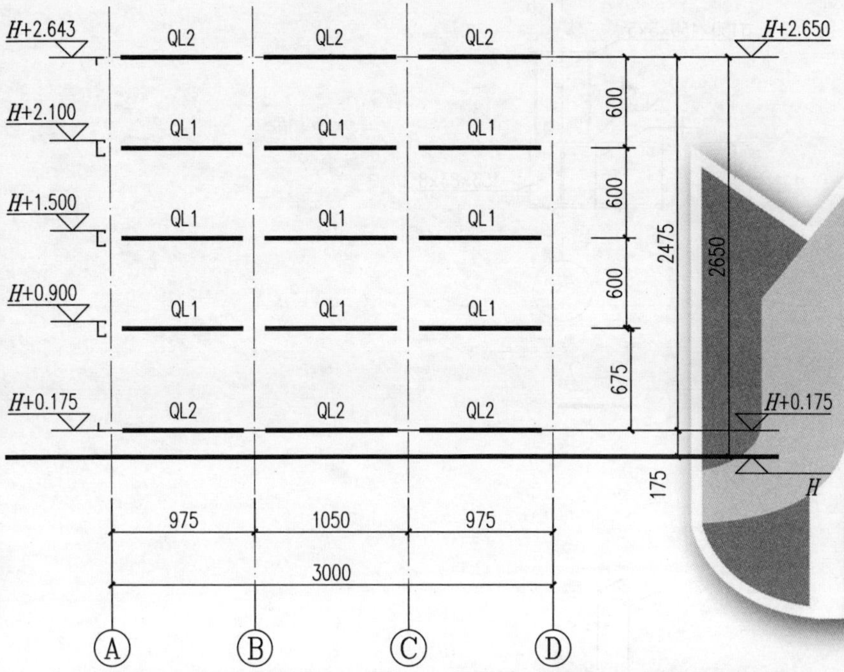

① 轴墙梁布置图

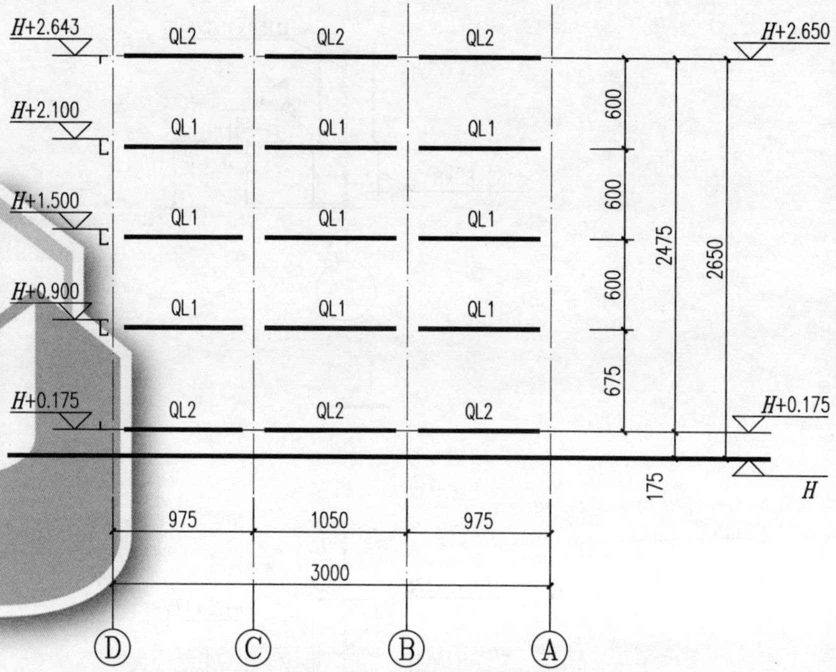

④ 轴墙梁布置图

钢构件截面表

构件编号	截面尺寸	说明
QL1	C100×50×20×3.0	Q235B
QL2	L50×4.0	Q235B

①，④ 轴墙梁布置图						图集号	2020沪J 110
审核	徐方	校对	刘易	设计	刘招	页码	81

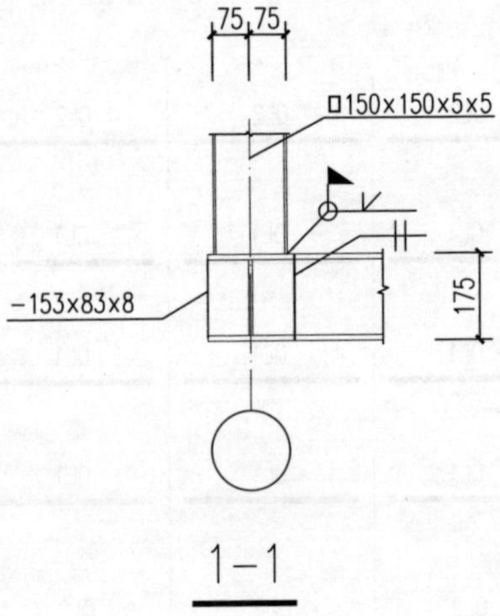

1-1

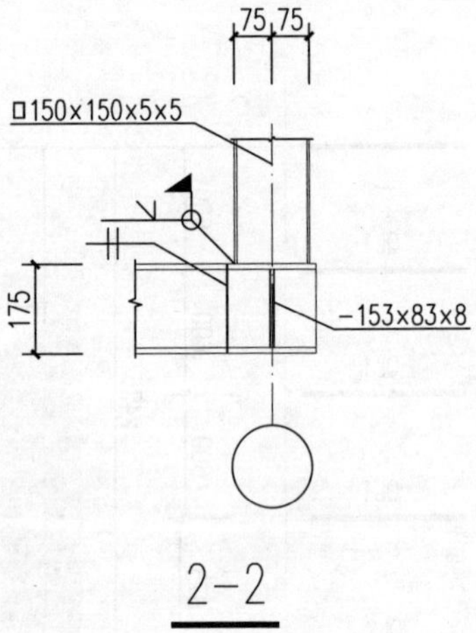

2-2

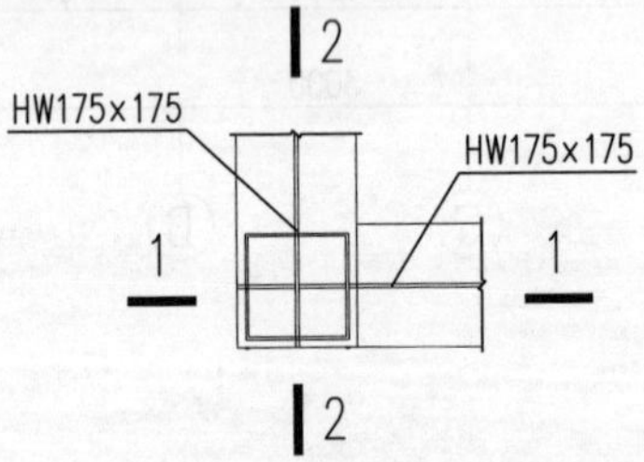

节点平面

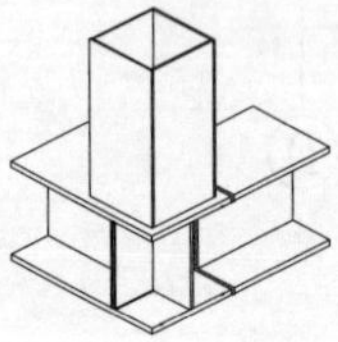

① 节点详图(一)

节点详图(一)									图集号	2020沪J 110
审核	胡鹏飞	胡鹏飞	校对	项建尧	项建尧	设计	王涛	王涛	页码	82

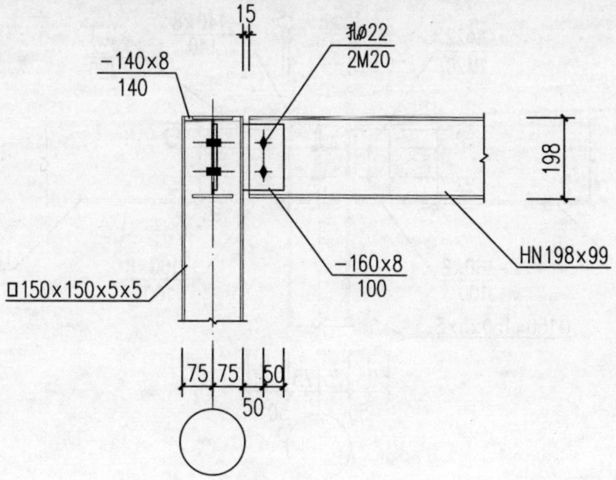

3-3

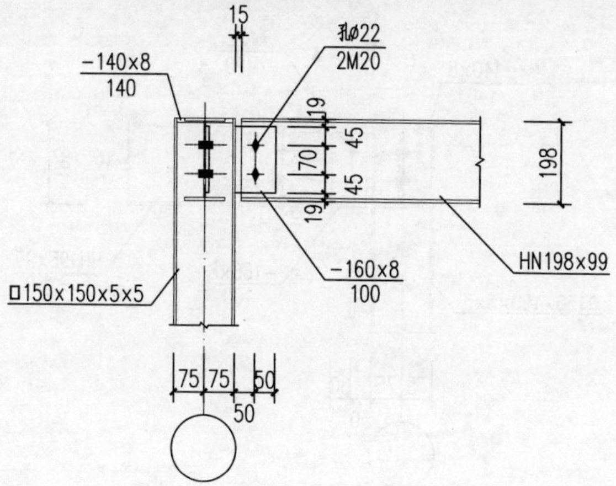

4-4

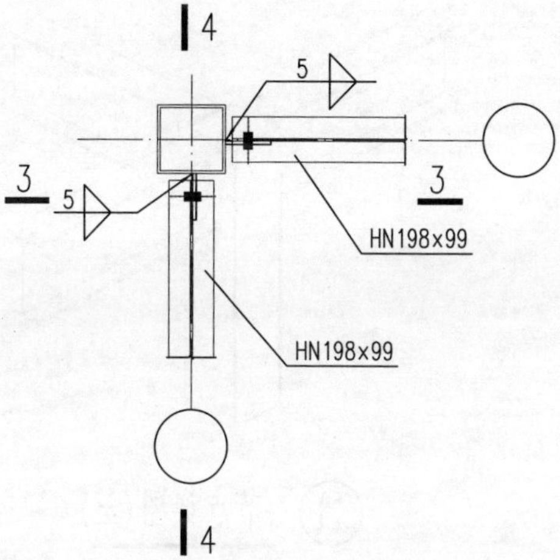

节点平面

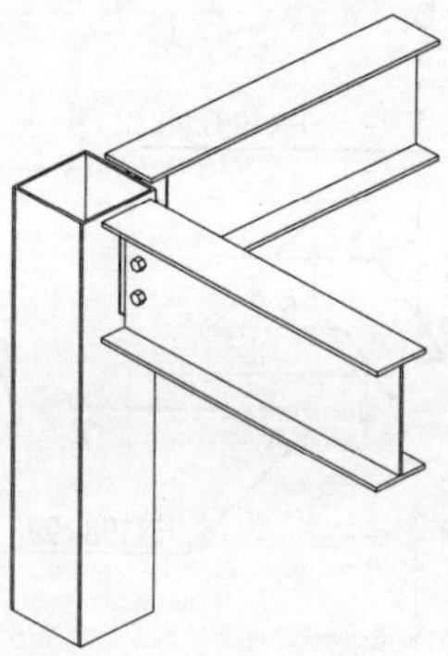

② 节点详图(二)

节点详图(二)							图集号	2020沪J 110
审核	胡鹏飞	胡鹏飞	校对	项建尧	项建尧	设计 王涛 王涛	页 码	83

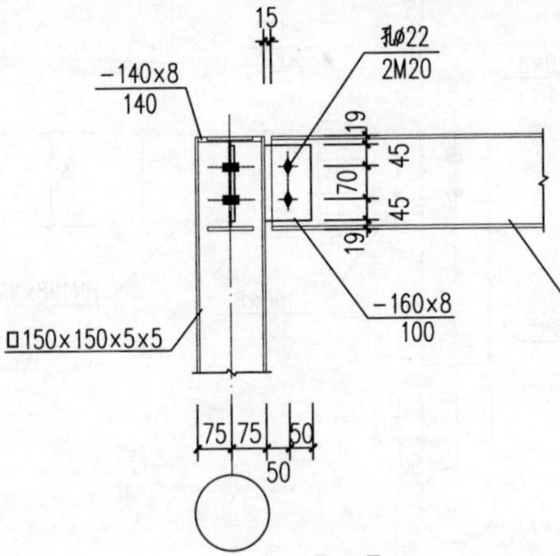

5-5

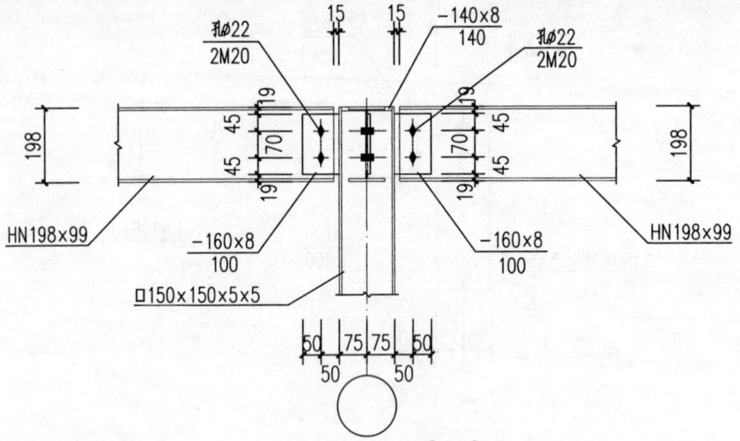

6-6

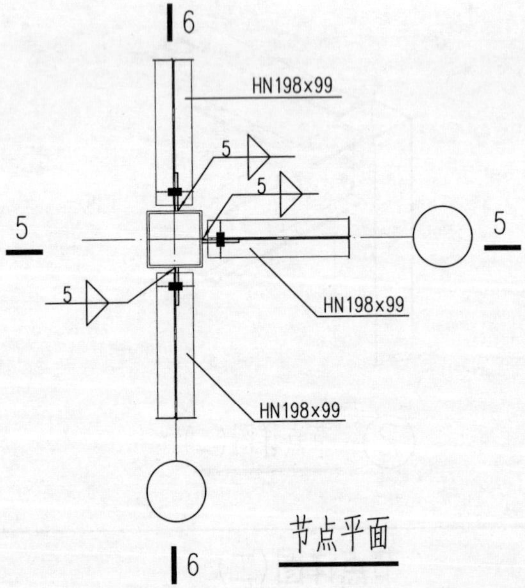

节点平面

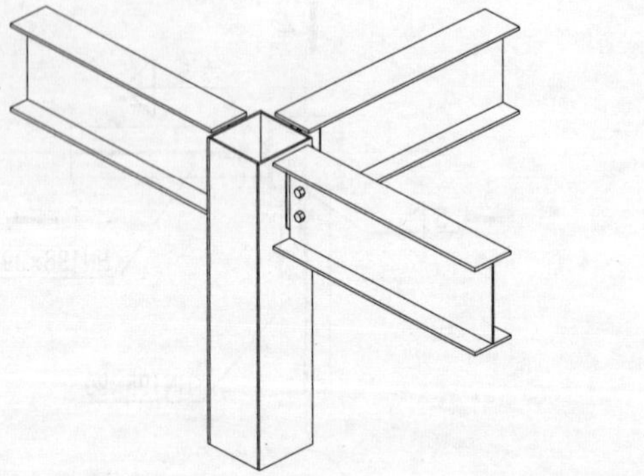

③ 节点详图(三)

节点详图(三)							图集号	2020沪J 110
审核	胡鹏飞	胡鹏飞	校对	项建尧	项建尧	设计 王涛	王涛	页码	84

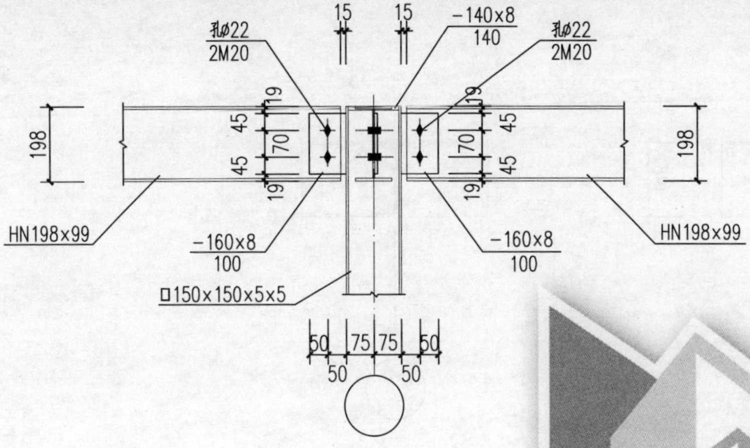

7–7

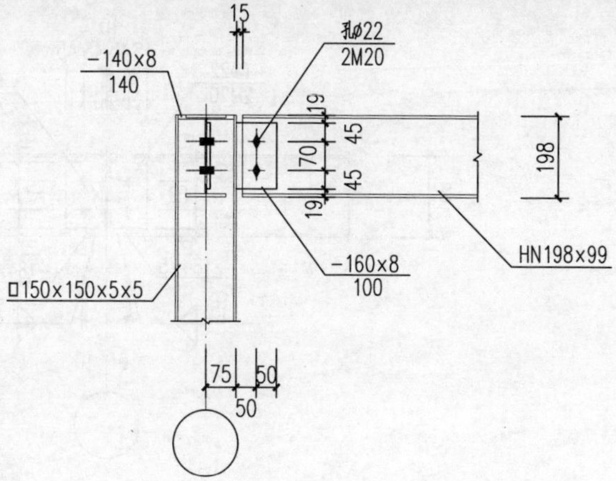

8–8

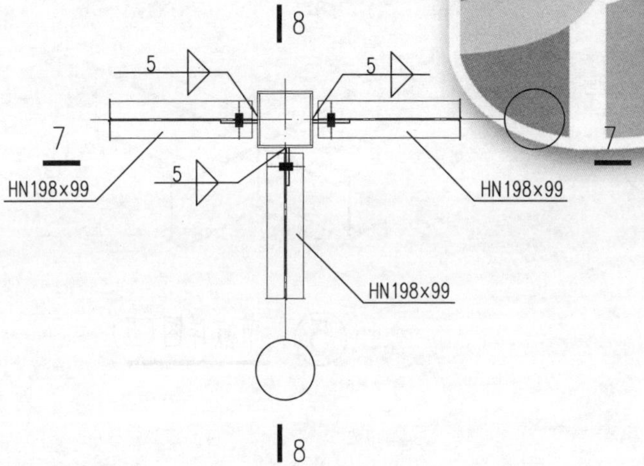

节点平面

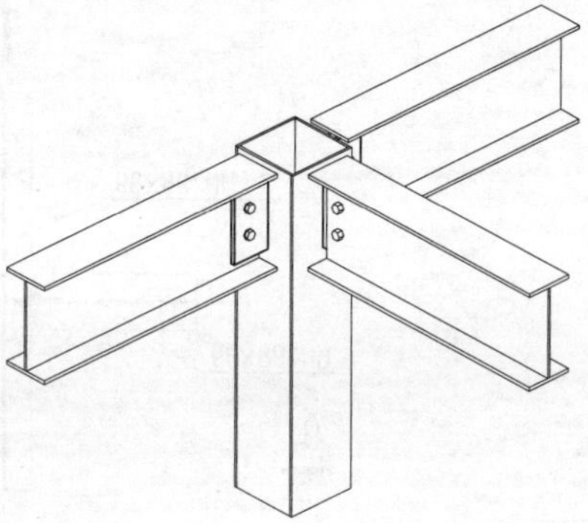

④ 节点详图(四)

节点详图(四)							图集号	2020沪J 110
审核	胡鹏飞	胡鹏飞	校对	项建尧	项建尧	设计 王涛	王涛	页码 85

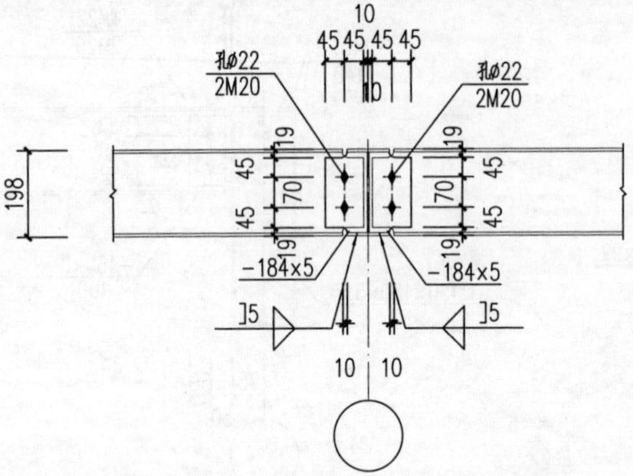

9-9

10-10

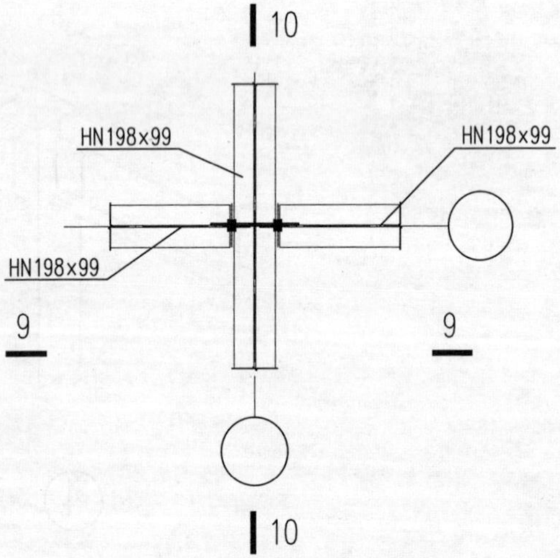

节点平面

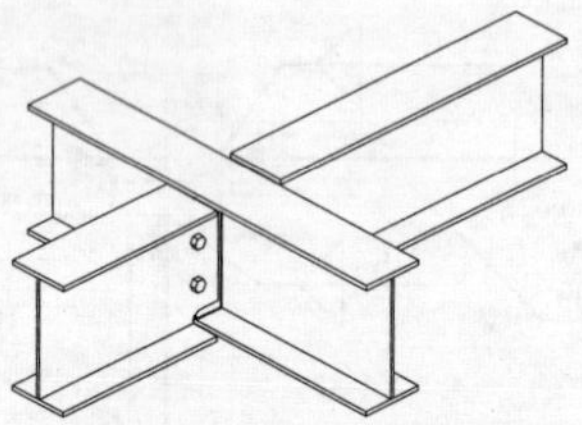

⑤ 节点详图(五)

节点详图(五)								图集号	2020沪J 110
审核	胡鹏飞	胡鹏飞	校对	项建尧	项建尧	设计	王涛	王涛	页码 86

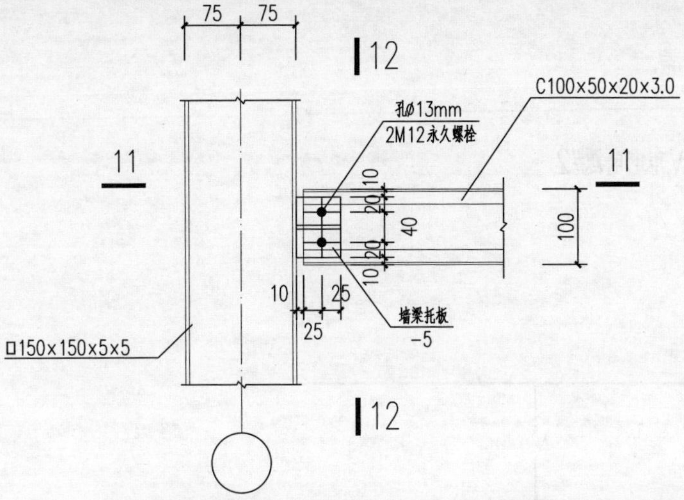

QL1连接节点

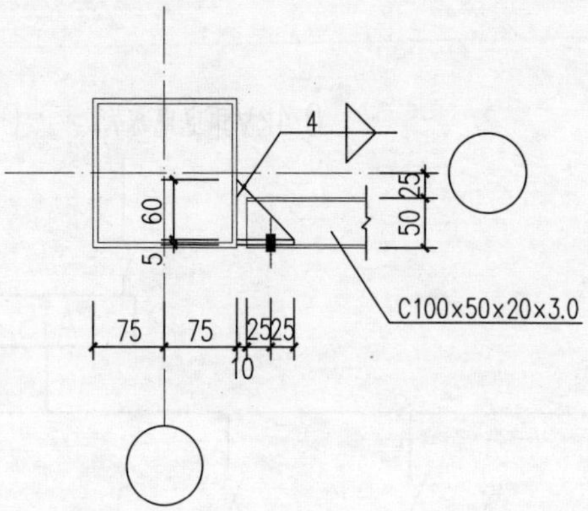

11-11

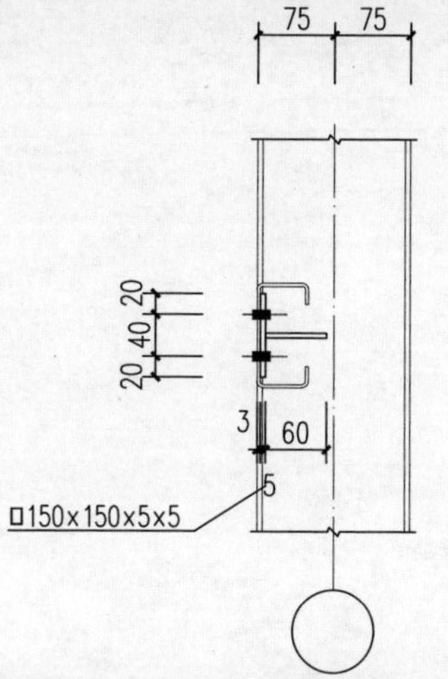

12-12

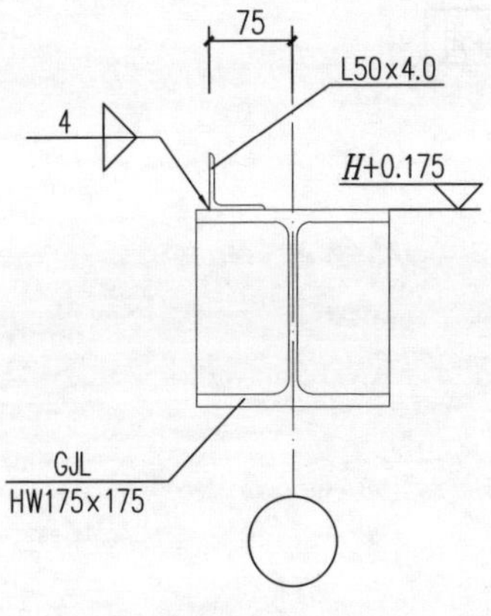

QL2连接节点一

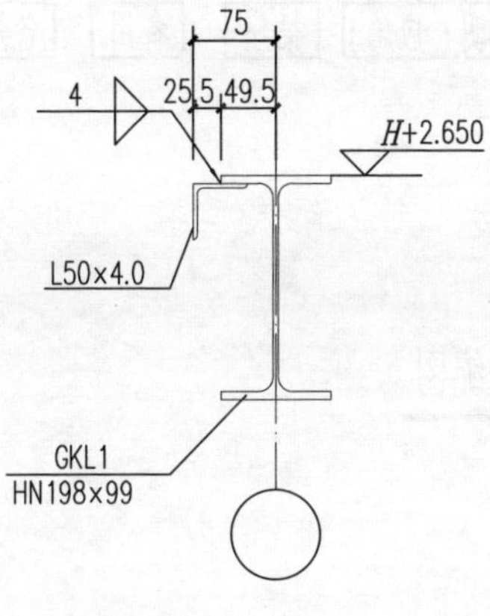

QL2连接节点二

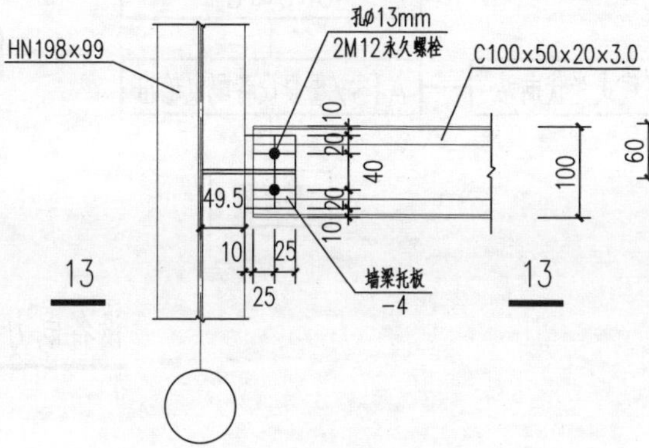

LT1连接节点

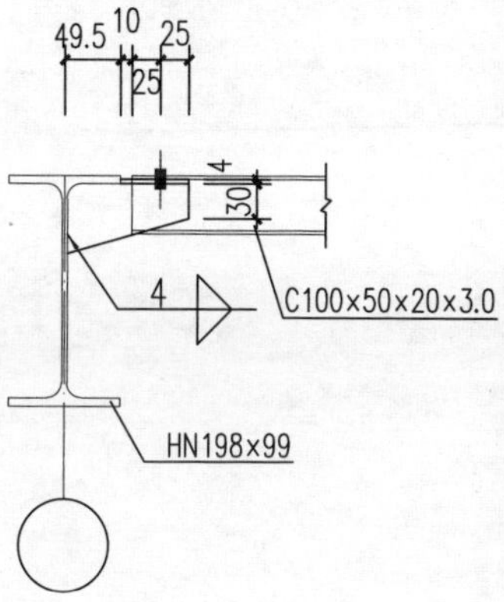

13-13

节点详图(六)								图集号	2020沪J 110
审核	胡鹏飞	胡鹏飞	校对	项建尧	项建尧	设计	王涛	王涛	页码	87

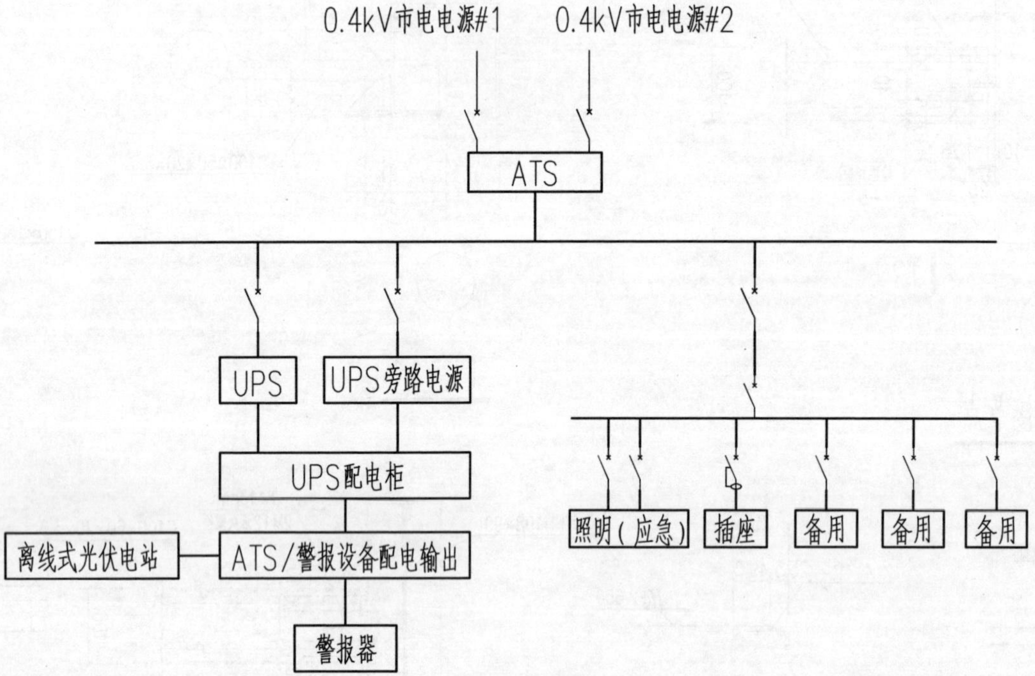

设备电力系统图

设备电力系统图								图集号	2020沪J 110
审核	刘宝权	刘宝权	校对	孙敬宾	孙敬宾	设计	仓小娣	仓小娣	页　码	88

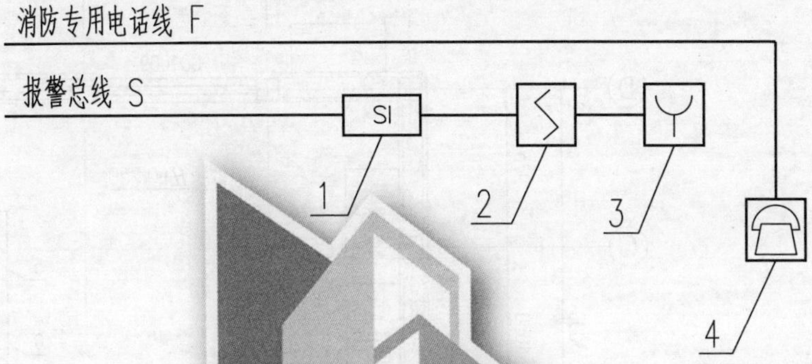

火灾自动报警系统图

序号	名称	型号及规格	单位	数量	备注
1	短路隔离器	由具体工程设计确定	个	1	
2	感烟探测器	光电烟感、地址型	个	1	吸顶安装
3	手动火灾报警装置	由具体工程设计确定	个	1	
4	消防电话	由具体工程设计确定	个	1	

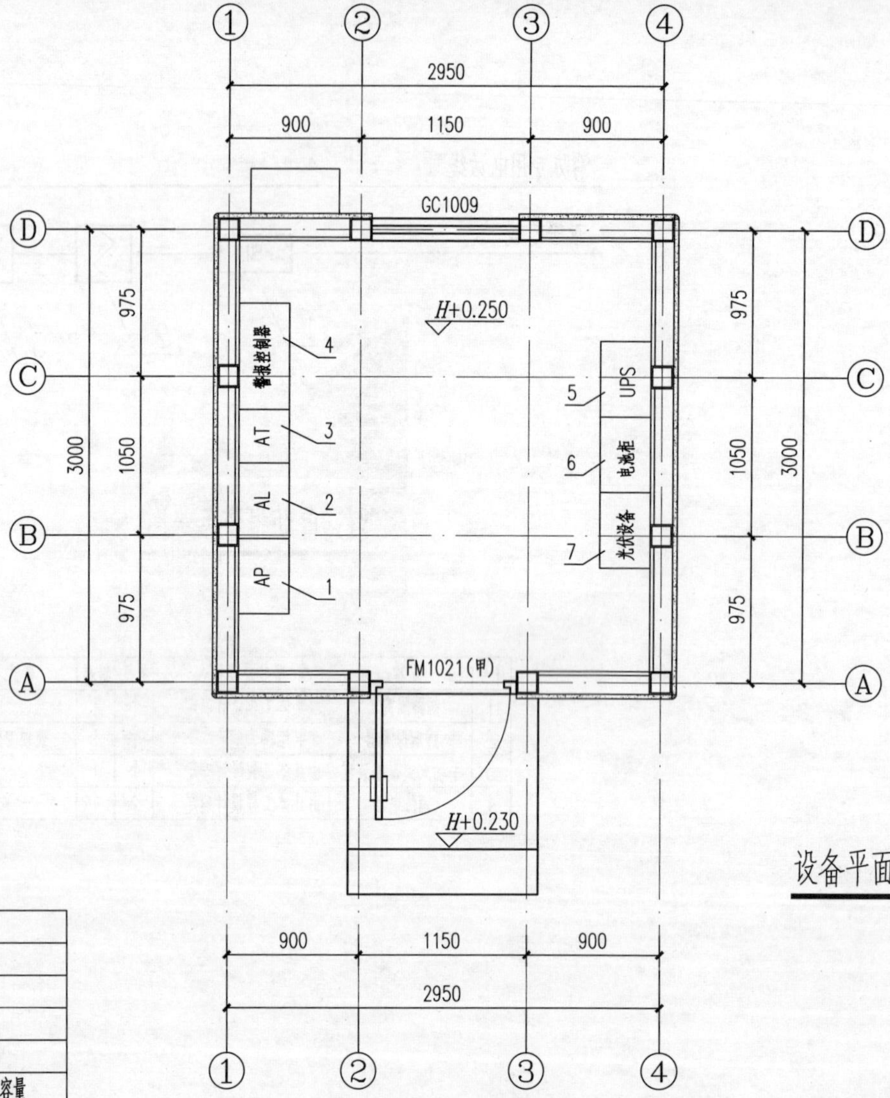

设备平面布置图

注:

1. 各类配电柜、警报控制器应挂壁安装。
2. UPS配电柜及光伏设备的布置应方便检修和维护。
3. UPS配电柜和电池柜如无法挂壁安装，不得直接放置在防静电地板上，应采用槽钢支撑在钢托架基础上作为设备基础，槽钢的尺寸由设计确定。

序号	名称	型号及规格	单位	数量	备注
1	进线配电柜	由具体工程设计确定	个	1	
2	照明配电柜	由具体工程设计确定	个	1	
3	双电源自动切换柜	由具体工程设计确定	个	1	
4	警报控制器	由具体工程设计确定	个	1	
5	UPS配电柜	由具体工程设计确定	个	1	由工程具体负荷确定容量
6	UPS电池柜	由具体工程设计确定	个	1	由UPS容量确定蓄电池数量
7	光伏电站	由具体工程设计确定	个	1	包括光伏控制器、蓄电池、逆变器

设备平面布置图								图集号	2020沪J 110
审核	刘宝权	刘宝权	校对	孙敬宾	孙敬宾	设计	仓小娣	页码	90

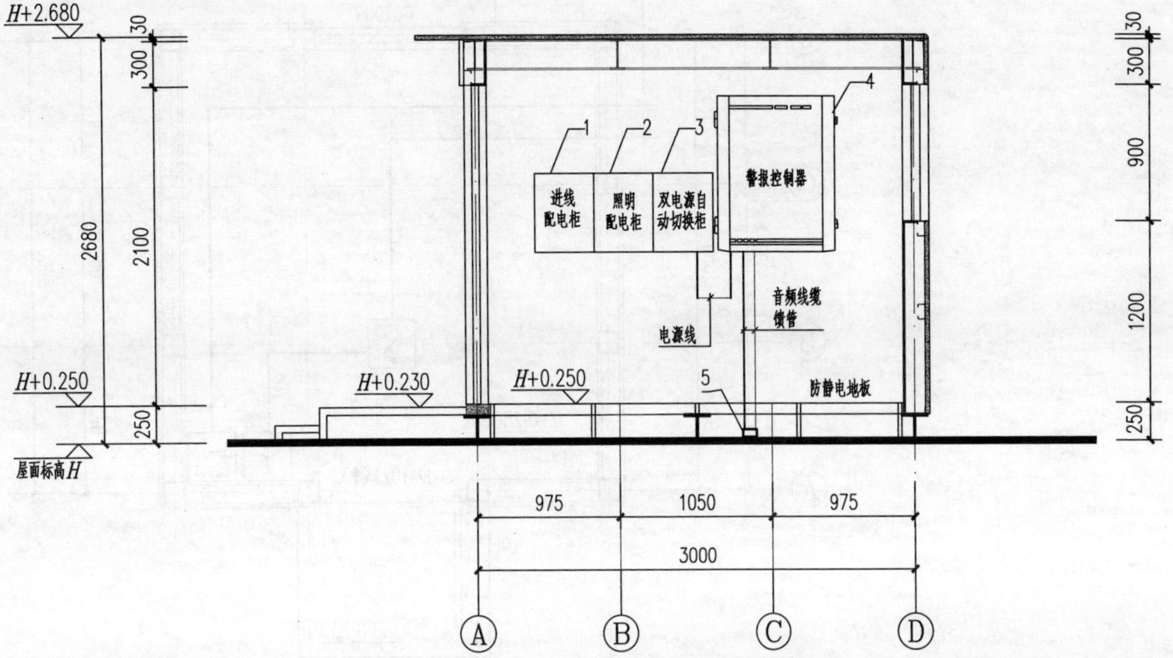

设备安装侧视图

序号	名称	型号及规格	单位	数量	备注
1	进线配电柜	由具体工程设计确定	个	1	
2	照明配电柜	由具体工程设计确定	个	1	
3	双电源自动切换柜	由具体工程设计确定	个	1	
4	警报控制器	由具体工程设计确定	个	1	
5	金属线槽	由具体工程设计确定	个	1	由工程具体负荷确定容量

注：除进线配电柜、照明配电柜外，其余设备由民防办统一安装。

设备安装侧视图						图集号	2020沪J 110
审核 刘宝权	刘宝权	校对 孙敬宾	孙敬宾	设计 仓小娣	仓小娣	页码	91

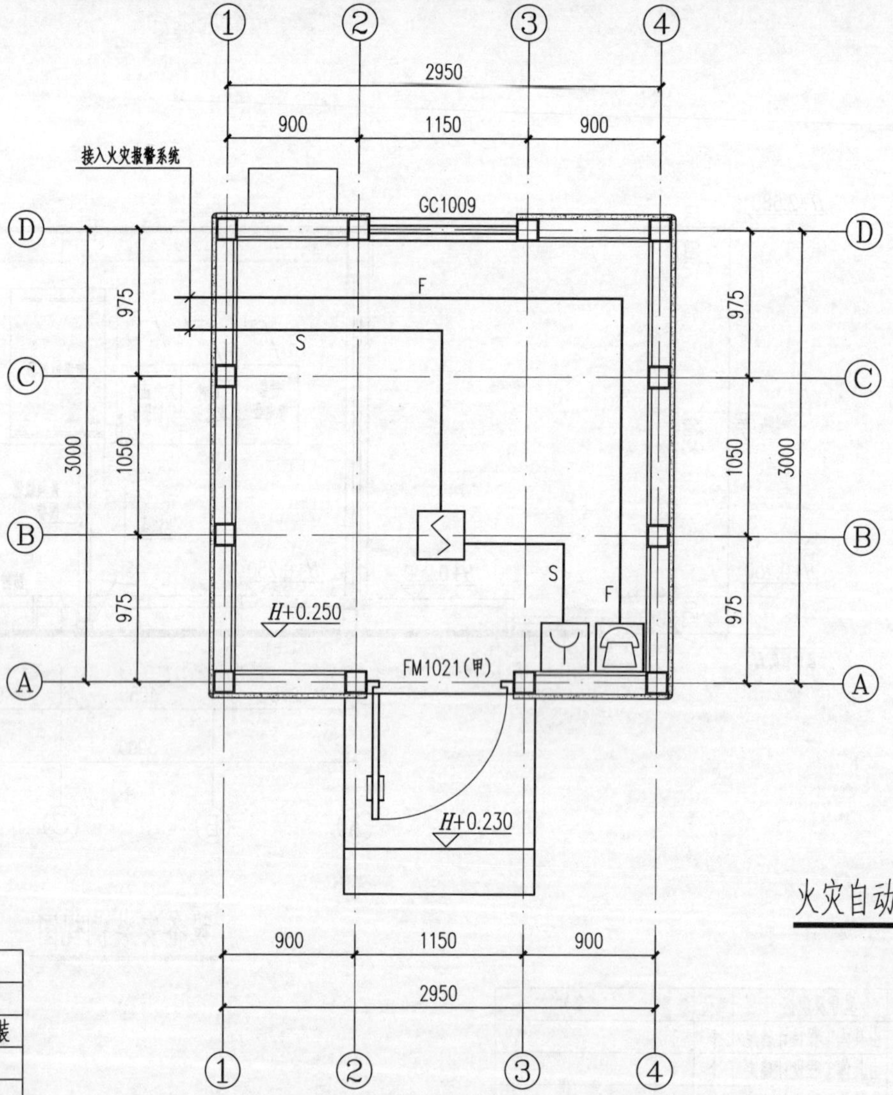

火灾自动报警布线图

序号	名称	型号及规格	单位	数量	备注
1	短路隔离器	由具体工程设计确定	个	1	SI
2	感烟探测器	光电烟感、地址型	个	1	S 吸顶安装
3	手动火灾报警装置	由具体工程设计确定	个	1	Y
4	消防电话	由具体工程设计确定	个	1	
5	报警总线	阻燃火阻燃耐火电线电缆			S
6	消防专用电话线	阻燃火阻燃耐火电线电缆			F

火灾自动报警布线图						图集号	2020沪J 110
审核	刘宝权	校对	孙敬宾	设计	仓小娣	页码	92

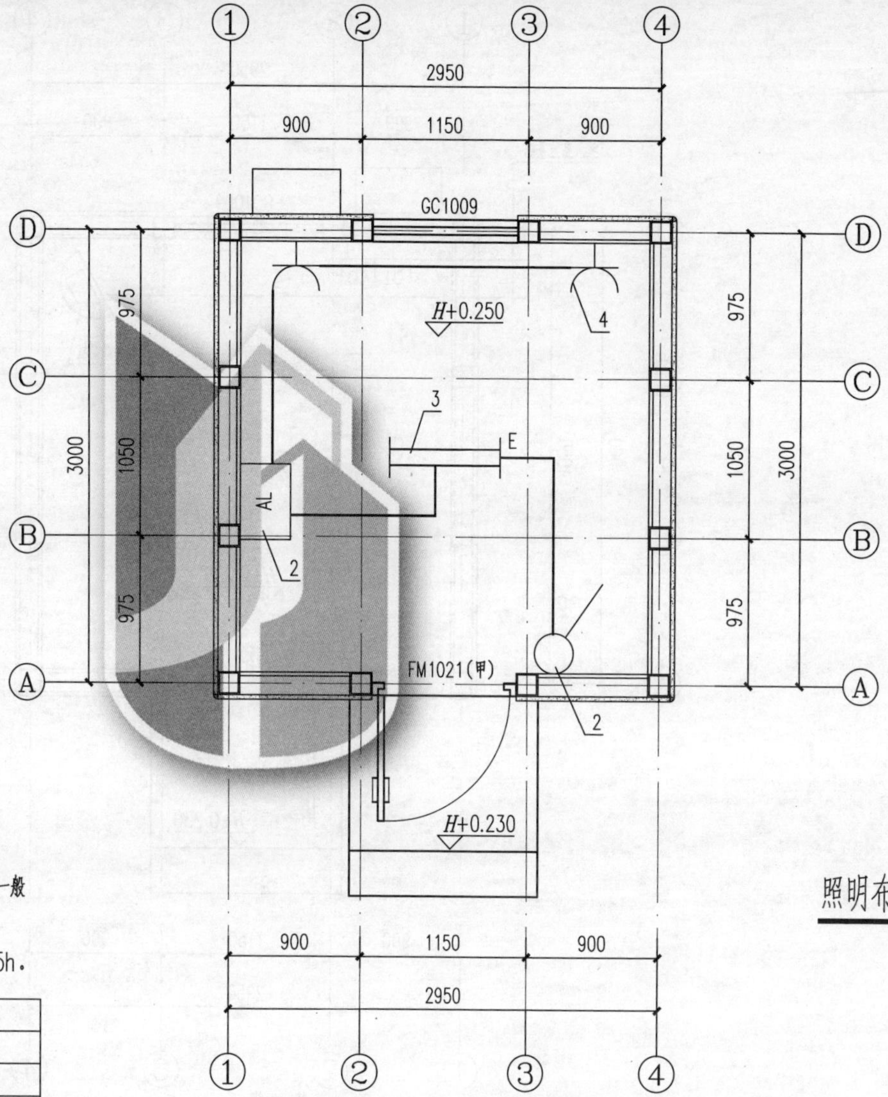

照明布线图

注:

1. 人民防空警报设施专用房照度值不低于200lx，应急照明照度值不低于一般照明照度值的10%。

2. 照明灯具应自带蓄电池，当检测到断电时自动点亮，持续时间不少于0.5h。

序号	名称	型号及规格	单位	数量	备注
1	照明配电柜	AL	个	1	AL
2	单联单控开关	250V,10A	个	1	
3	高效节能荧光灯	由具体工程设计确定	个	1	E 自带蓄电池
4	插座	250V,16A(二、三孔)	个	2	

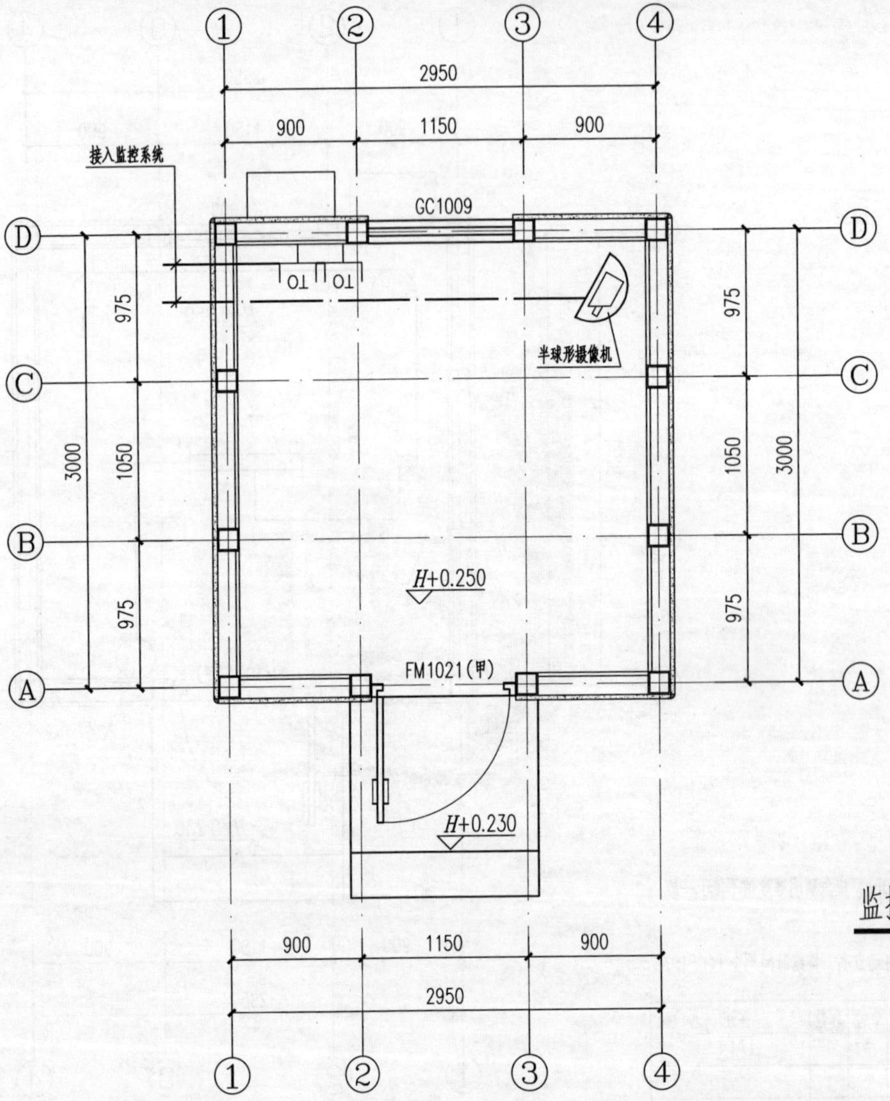

监控布线图

注：人民防空警报设施专用房远程监控系统应预留2个信息接口，并敷设2回网络线。

监控布线图								图集号	2020沪J 110
审核	刘宝权	[signature]	校对	孙敬宾	[signature]	设计	仓小娣	页　码	94

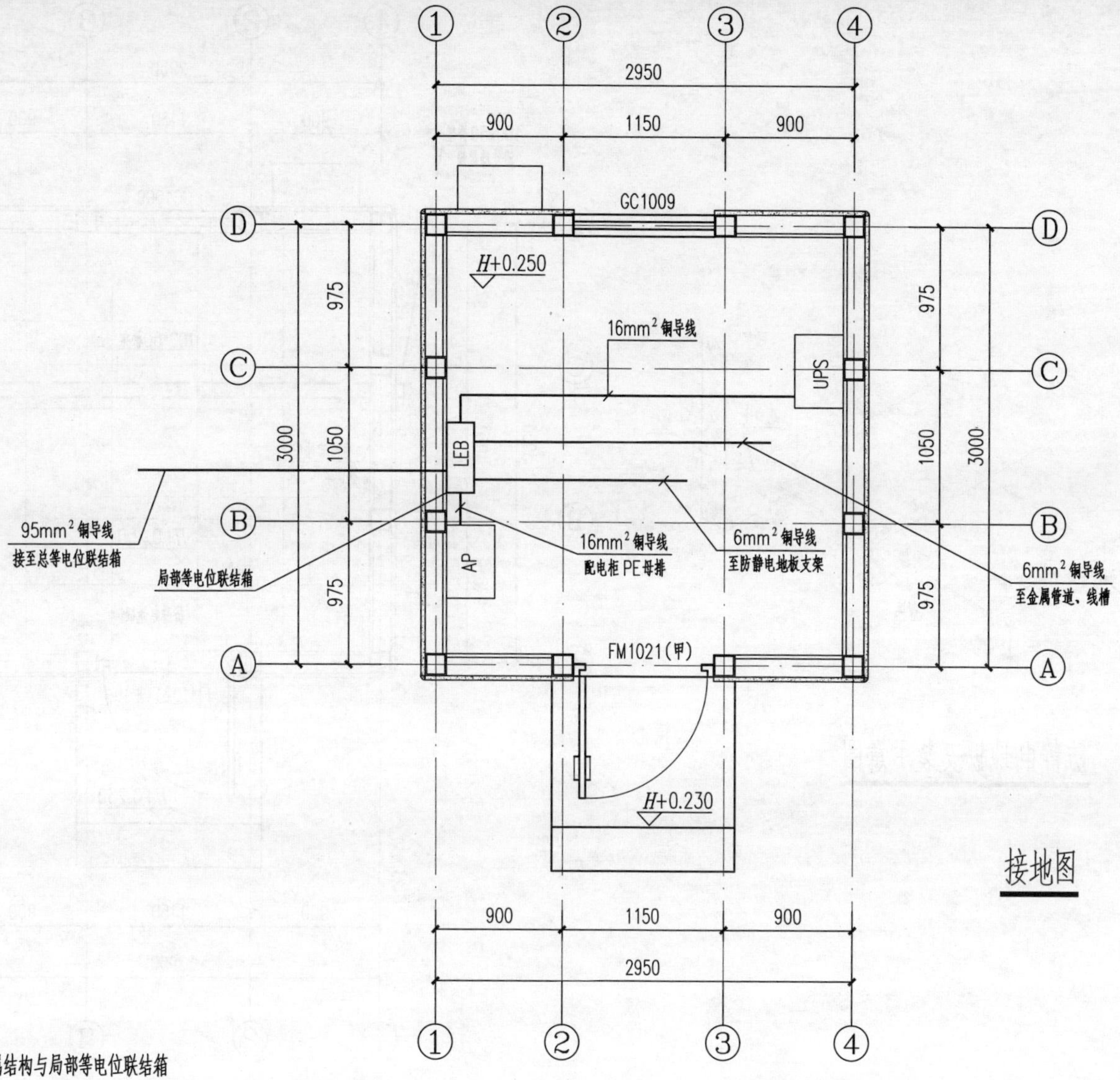

接地图

注:

1. 本图中各类金属管道、金属线槽、建筑物金属结构与局部等电位联结箱连接后，再接至建筑物总等电位联结箱。
2. 等电位联结线应地面内或墙内穿管暗敷。

接地图								图集号	2020沪J 110
审核	刘宝权	(签名)	校对	孙敬宾	(签名)	设计	仓小娣	(签名)	页 码	95

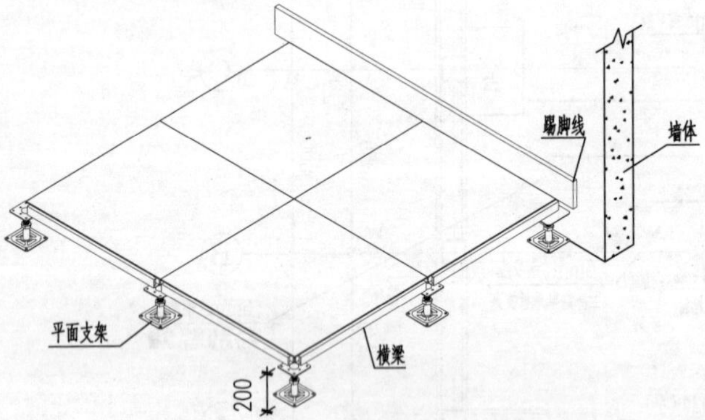

防静电地板安装示意图

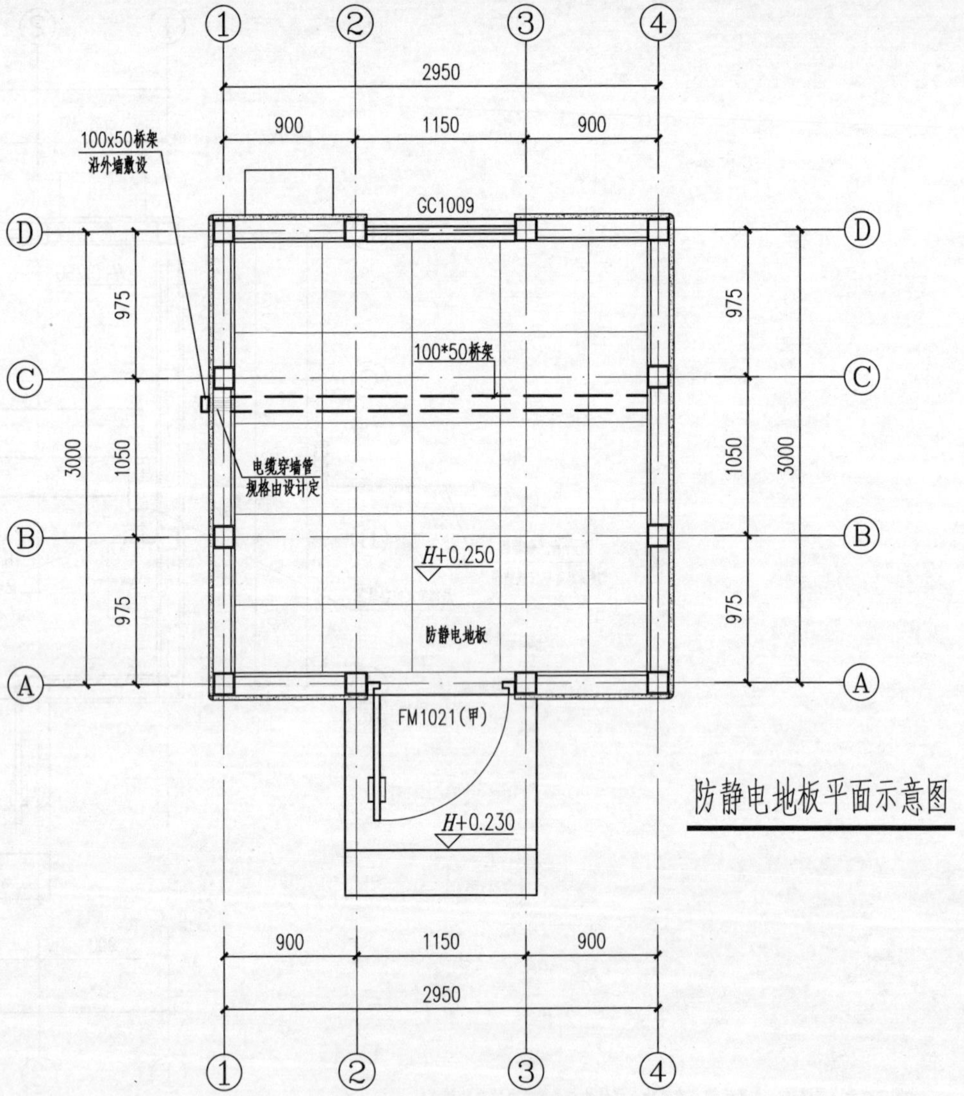

防静电地板平面示意图

注：本图主要表示桥架敷设方案，防静电地板做法由装修单位统一设计。

防静电地板示意图							图集号	2020沪J 110
审核	刘宝权		校对	孙敬宾		设计	仓小娣		页码	96

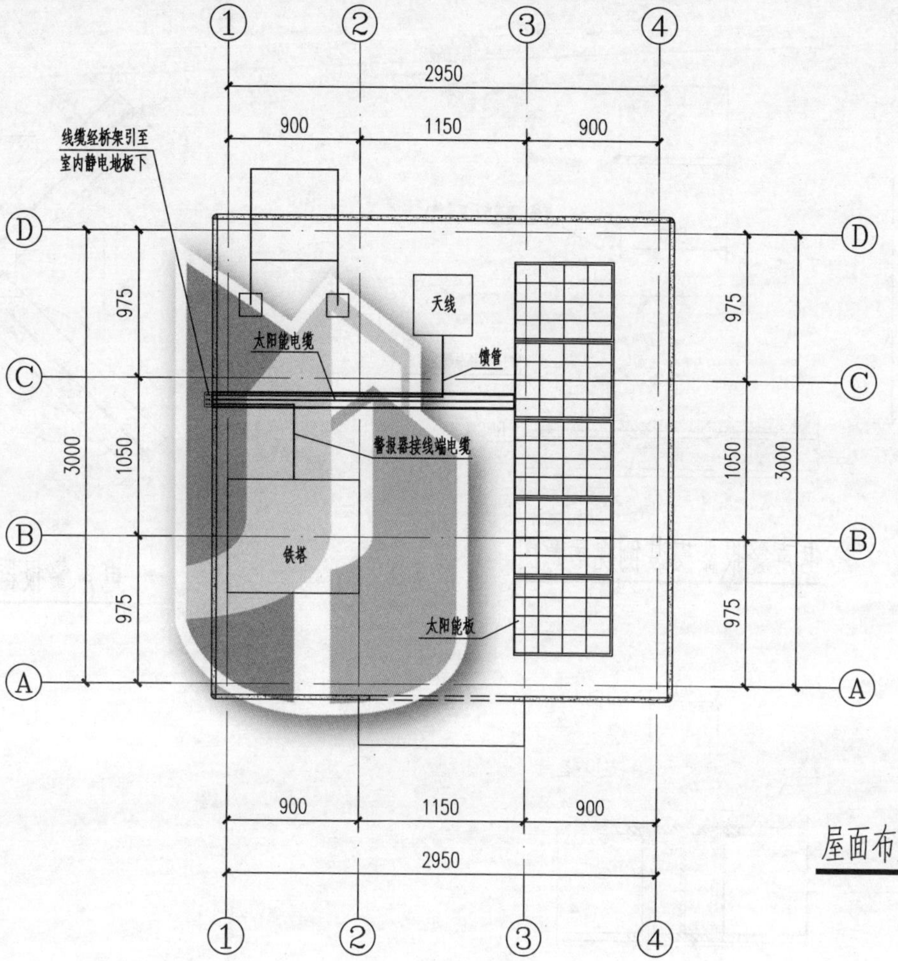

屋面布置图

注：

1. 屋面预留铁塔底座、天线支架混凝土底座。天线与警报器分开远离放置，避免警报鸣响时，警报器对无线信号干扰，降低信号接收灵敏度。
2. 屋面敷设桥架，室外电缆、馈管经桥架至室内，裸露的线缆穿软管，连接至桥架。
3. 屋面预留太阳能板空间，太阳能板数量需根据工程情况计算确定。
4. 屋面上的铁塔基座、天线基座、太阳能板基座的金属构件与屋面避雷网通过规格为40mmx4mm的镀锌扁钢可靠连接。
5. 警报器与下部建筑防雷、接地为一个联合接地整体，接地电阻≤1Ω。

屋面布置图							图集号	2020沪J 110
审核	刘宝权	刘宝权	校对	孙敬宾	孙敬宾	设计	仓小娣 仓小娣	页码 97

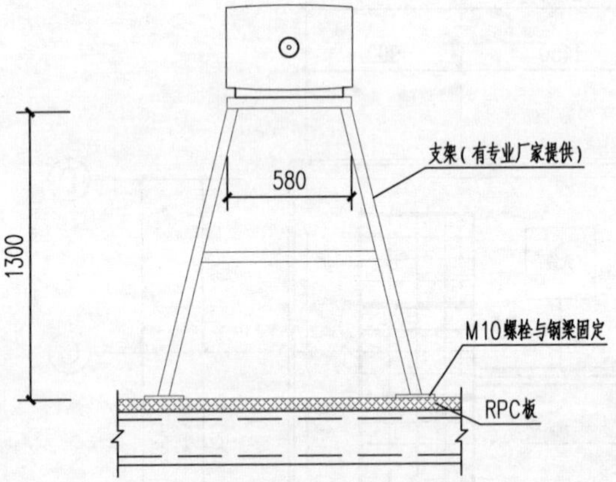

电声警报器安装侧视示意图

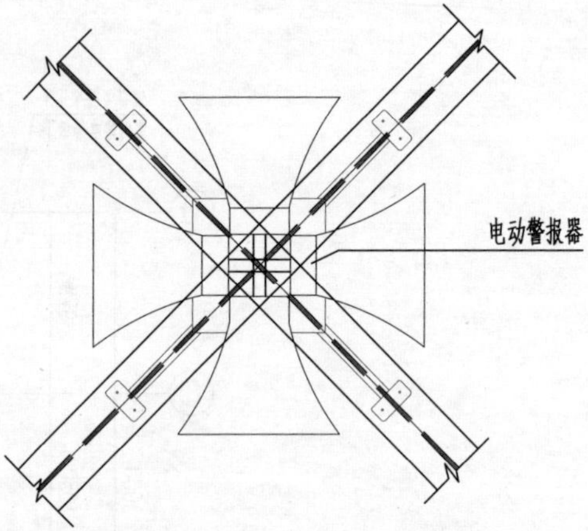

电声警报器支架安装俯视图

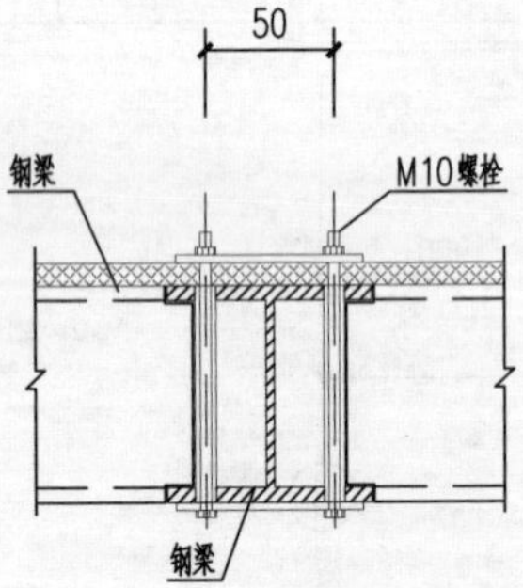

支架与钢梁连接示意图

注:

1. 警报器支架底座利用预埋的M10螺栓固定在混凝土底座上。
2. 电声警报器选型应由专业单位设计。

电声警报器支架安装示意图									图集号	2020沪J 110
审核	陈力新		校对	段吉祥		设计	张莉		页码	98

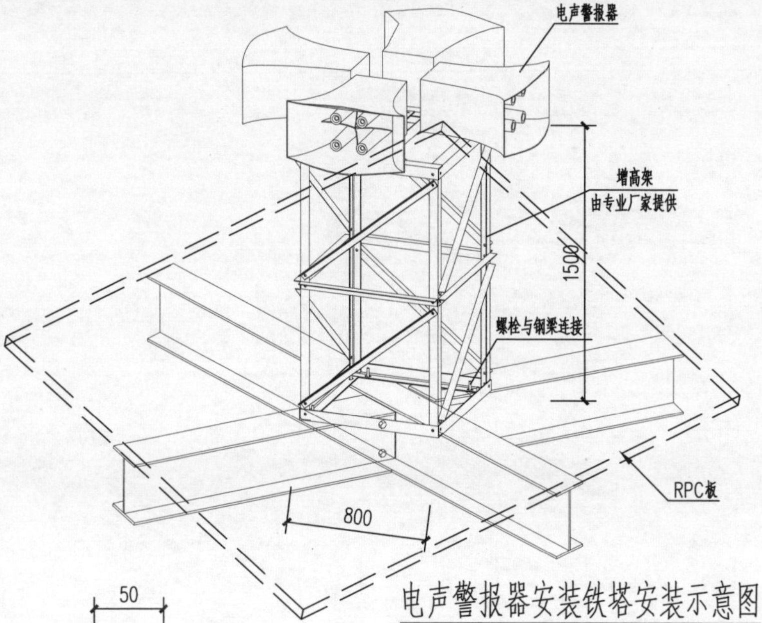

电声警报器安装铁塔安装示意图

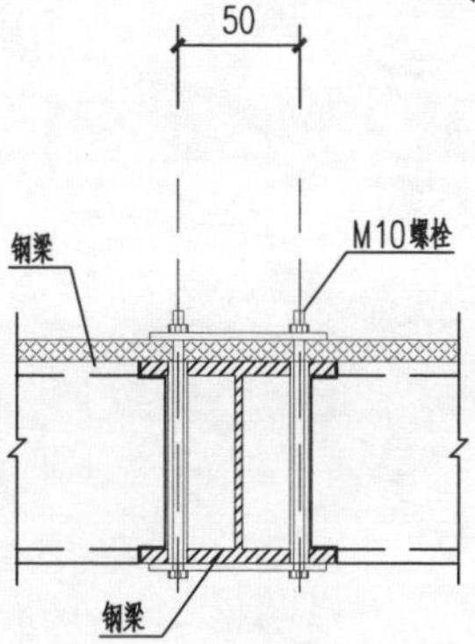

警报铁塔与钢梁连接示意图

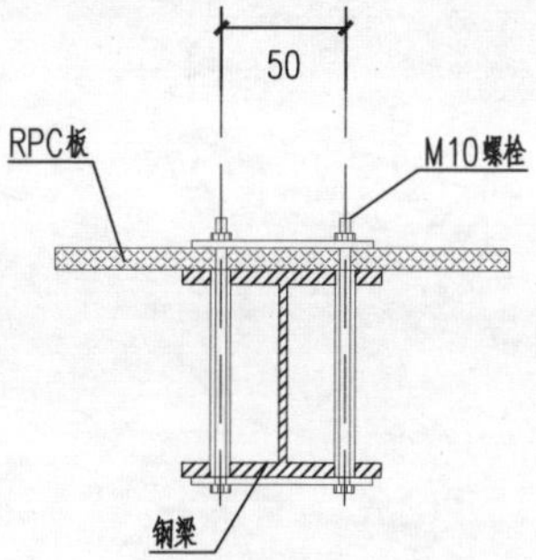

天线支架安装示意图

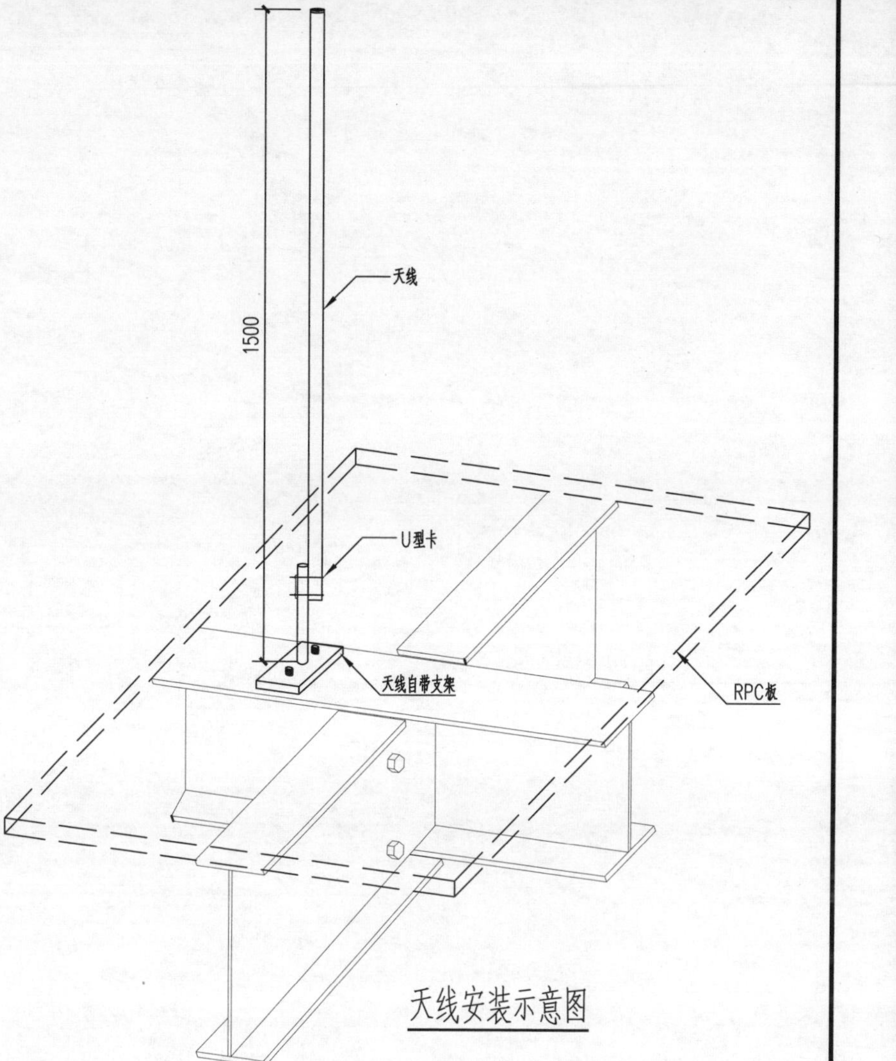

天线安装示意图

注:

1. 警报铁塔和天线支架底座利用预埋的 M10螺栓固定在混凝土底座上。
2. 电声警报器选型应由专业单位设计。
3. 天线选型应由专业单位设计。

电声警报器安装铁塔安装示意图、天线安装示意图								图集号	2020沪J 110
审核	陈力新	[signature]	校对	段吉祥	[signature]	设计	张莉	[signature] 页码	99